中国古典文化大系

茶经译注

文轩　译注

上海三联书店

目录

前　言

中国的茶文化历史悠久，源远流长。随着人们生活水平和生活品质不断提高，茶文化也在中华大地重新兴起，成为人们增加生活情趣、提高生活品位必不可少的重要内容。为此，我们编译出版了这部《茶经》，一方面是帮助人们了解我国茶文化的缘起和丰硕成果；一方面也是为了增加现代人，特别是迷恋咖啡文化的年轻一代对中国传统文化的了解，以使我们民族悠久的历史文化世代承袭，发扬光大。

我国历朝历代的文人士子对茶多有著述，以至茶文化成为文化艺术中与诗、书、礼、乐、绘画等息息相通的一个组成部分。

唐代陆羽的《茶经》是世界上第一部茶文化专著。它分上中下三卷，有茶之源、茶之具、茶之造、茶之器等十个门类，记载了茶树的性状、茶叶的品质、茶叶的种类与采制方法、烹茶的技术和饮茶的用具等，介绍了饮茶的起源、与饮茶相关的知识以及唐代以前的茶事、唐代茶叶的产地等情况。此书开创了我国茶书的先河。自此之后，我国出现的论茶之书多达一百多种。清代陆廷灿的《续茶经》即为其中的著名续作。

为了增加阅读的趣味、丰富本书的内容，我们还选编了其他书中关于茶的叙述，有诗文，也有名人逸事。自古以来茶文化就与其他的文化艺术门类融合发展，相得益彰，由此亦可见一斑。

我们期望这部书能给所有喜爱传统文化，特别是茶文化的读者以有益的帮助和美好的享受。茶文化博大精深，涉猎颇广，因编者学识粗浅，其中注译难免有不精之处，敬请指正。

文轩

2013年8月

卷上

茶之源

茶者，南方之嘉木也[①]。一尺[②]、二尺，乃至数十尺；其巴山峡川[③]，有两人合抱者，伐而掇之[④]。其树如瓜芦[⑤]，叶如栀子[⑥]，花如白蔷薇[⑦]，实如栟榈[⑧]，蒂如丁香[⑨]，根如胡桃[⑩]。[原注：瓜芦木出广州，似茶，至苦涩。栟榈，蒲葵之属，其子似茶。胡桃与茶，根皆下孕[⑪]，兆至瓦砾，苗木上抽。]

注释

①南方：唐时分天下为十道，南方泛指山南道、淮南道、江南道、剑南道、岭南道所辖地区，基本与现今的南方相一致。包括四川、重庆、湖北、湖南、江西、安徽、江苏（含上海）、浙江、福建、广东、广西、贵州、云南（唐时为南诏国）诸省区，以及陕西和河南两省的南部，都是唐时的产茶区。嘉木：指优良树木。嘉，通“佳”。陆羽称茶为嘉木，宋苏轼称茶为嘉叶，都是夸赞茶的美好。

②尺：古尺与今尺量度标准不同，唐尺有大尺和小尺之分，一般用大尺，传世或出土的唐代大尺一般都在30厘米左右，比今尺略短一些。

③巴山峡川：巴山，指大巴山。广义的大巴山指绵延四川、甘肃、陕西、湖北边境山地的总称；狭义的大巴山，在汉江支流河谷以东，四川、陕西、湖北三省边境。峡，一指巫峡山，即四川、湖北两省交界处的三峡；二指峡州，在三峡口，治所在今宜昌。此处巴山峡川应指四川东部、湖北西部地区。

④伐而掇duō之：高大茶树要将其枝芟shān伐后才能采茶。伐，芟除树木的枝条为伐。掇，拾取。

⑤瓜芦：又名皋芦，是分布于我国南方的一种叶似茶叶而味苦的树木。

⑥栀子：常绿灌木或小乔木，夏季开白花，有清香，叶对生，长椭圆形，近似茶叶。

⑦白蔷薇：落叶灌木，枝茂多刺，高四五尺，夏初开花，花五瓣而大，花冠近似茶花。

⑧栟榈bīnglǘ：即棕榈，与蒲葵同属棕榈科。核果近球形，淡蓝黑色，有白粉，近似茶籽内实而稍小。

⑨丁香：属桃金娘科，一种香料植物，原产于热带，我国南方有栽培，有很多品种。

⑩胡桃：属核桃科，深根植物，与茶树一样主根向土壤深处生长，根深长达两三米以上。

⑪下孕：植物的根往土壤深处生长发育。

译文

茶树是产于我国南方的一种优良树木。树高一尺、二尺，乃至数十尺。在巴山和峡川一带最粗的茶树需两人合抱，只有将它伐倒后才能采摘茶叶。茶树的树形像瓜芦，叶子像栀子，花像白色的蔷薇，种子与棕榈树的种子很相似，蒂儿像丁香，树根像胡桃。[原注：瓜芦树生长在广州一带，与茶相似，味道相当苦涩。棕榈与蒲葵类似，其种子与茶籽相似。胡桃与茶的根都是深根性，向下生长直达石砾层，苗木才能向上生长。]

其字，或从草，或从木，或草木并。［原注：从草，当作“茶”，其字出《开元文字音义》；从木，当作“梌”，其字出《本草》①；草木并，作“荼”，其字出《尔雅》。］其名，一曰茶，二曰槚②，三曰蔎③，四曰茗，五曰荈④。［原注：周公云⑤：“槚，苦荼。”扬执戟云⑥：“蜀西南人谓茶曰蔎。”郭弘农云⑦：“早取为茶，晚取为茗，或一曰荈耳。”］其地，上者生烂石⑧，中者生栎［原注：栎当从石为砾。］壤⑨，下者生黄土。

注释

①《本草》：指唐代高宗显庆四年（659），李（徐）

勣、苏虞等人所撰的《新修本草》(今称《唐本草》),非《本草纲目》,原书已佚。

②槚jiǎ:本意是楸树,与下文蔎、茗、荈都是茶的别名。

③蔎shè:一种香草,此做茶之别名。

④荈chuǎn:西汉司马相如《凡将篇》以"荈诧"代表茶名,三国时"茶荈"二字连用,西晋杜育《荈赋》以后,"荈"成为后世主要茶名,但现在已很少用。

⑤周公:姓姬名旦,周文王姬昌之子,周武王姬发之弟。武王死后,辅佐其子成王,改定官制,制作礼乐,完成周朝的典章文物。因其采邑在成周,故称为周公。"周公云"指《尔雅》中的记载。《尔雅·释木》:"槚,苦茶。"

⑥扬执戟:即扬雄(前53—18),字子云,西汉文学家、哲学家,蜀郡(今属四川)人,曾任黄门郎。汉代郎官都要执戟护卫宫廷,故称扬执戟。擅长辞赋,与司马相如齐名。

⑦郭弘农:指郭璞(276—324),字景纯,河东闻喜(今属山西)人,东晋文学家、训诂学家。曾在东晋元帝时任著作佐郎,明帝时因直言而为王敦所杀,后赠弘农太守,故称郭弘农。

⑧烂石:山石经过长期风化以及自然的冲刷作用,山谷石隙间积聚着含有大量腐殖物和矿物质的土壤,土层较厚,排水性能好,土壤肥沃。

⑨栎壤：指砂质土壤或砂壤，土壤中含有未风化或半风化的碎石、沙砾，排水透气性能较好，但含腐殖质不多，肥力中等。

译文

“茶”字，从字源上说，或从属于草部，或从属于木部，或既从草又从木。[原注：从草写作“茶”，出于《开元文字音义》；从木写作“梌”，出于《本草》；草木兼从写作“荼”，出于《尔雅》。] 茶的名称，一是叫作“茶”；二是叫作“槚”；三是叫作“蔎”；四是叫作“茗”；五是叫作“荈”。[原注：周公说：“槚，就是苦茶。”扬执戟说：“四川西南部的人把茶叫作蔎。”郭弘农说：“早采的叫茶，晚采的叫茗，或者叫荈。”]

种茶的土地，以生有烂石的地方最好，砂质的土壤就差一些，而黄土地种出来的茶品质最差。

凡蓺而不实，植而罕茂[①]。法如种瓜，三岁可采。野者上，园者次。阳崖阴林，紫者上，绿者次[②]；笋者上[③]，芽者次[④]；叶卷上，叶舒次。阴山坡谷者，不堪采掇，性凝滞，结瘕疾[⑤]。

茶之为用，味至寒，为饮，最宜精行俭德之人。若热渴、凝闷、脑疼、目涩、四支烦、百节不舒，聊四五啜，与醍醐、甘露抗衡也[6]。

采不时，造不精，杂以卉莽，饮之成疾。茶为累也，亦犹人参。上者生上党[7]，中者生百济、新罗[8]，下者生高丽[9]。有生泽州、易州、幽州、檀州者[10]，为药无效，况非此者？设服荠苨[11]，使六疾不瘳[12]，知人参为累，则茶累尽矣。

注释

①凡蓺而不实，植而罕茂：种茶如果用种子播植却不踩踏结实，或是用移栽的方法栽种，很少能长得茂盛。蓺，播种种植。植，移栽。

②紫者上，绿者次：原料茶叶以紫色者为上品，绿色者次之。这个评茶标准与现今不同。

③笋者：指茶的嫩芽，芽头肥硕长大，状如竹笋的，成茶品质好。

④芽者：指新梢叶片已经开展，或茶树生机衰退，对夹叶多，表现为芽头短促瘦小，成茶品质低。

⑤瘕 jiǎ：腹中结块之病。

⑥醍醐 tíhú：经过多次制炼的乳酪，味极甘美，佛教典籍以醍醐譬喻佛性。亦指美酒。甘露：指露水。古人常以甘露来表示理想中最美好的饮料。

⑦上党：在今山西长治一带。

⑧百济：朝鲜古国，在今朝鲜半岛西南部汉江流域

一带，公元1世纪兴起，7世纪中叶统一于新罗。新罗：朝鲜半岛东部古国，在今朝鲜半岛南部，公元57年建国，后为王氏高丽取代，与唐有密切关系。

⑨高丽：即古高句gōu丽国，在今朝鲜半岛北部，七世纪中叶为新罗所并。

⑩泽州：即今山西晋城。易州：在今河北易县一带。幽州：即今北京及周围一带地区。檀州：在今北京市密云一带。

⑪荠苨jìní：草本植物，根茎与人参相似。

⑫六疾：六种疾病。出自《左传·昭公元年》："天有六气，……淫生六疾，六气曰阴、阳、风、雨、晦、明也。分为四时，序为五节，过则为灾。阴淫寒疾，阳淫热疾，风淫末疾，雨淫腹疾，晦淫惑疾，明淫心疾。"后以"六疾"泛指各种疾病。瘳chōu：病愈。

译文

大凡种植茶树，必须用种子直接播种，用移栽的方法不能繁茂生长，和种瓜一样，种茶经过三年就可以采摘。在山野自生的茶最好，人工种植的较差。生长在向阳山崖并有林木遮阴的茶树，芽叶呈紫色的为好，绿色的则较差；形如春笋的最好，短小的芽则差；

叶卷裹未展开的好，叶舒展的差。背阴坡谷地的茶树，不值得采摘，因为它性质凝滞，饮后容易引起腹中结块的疾病。

茶的性味至寒，最适合做饮品，是那些品行端正俭朴的人的最爱。如果感觉体热、口渴、闷躁、头疼、眼睛倦涩、四肢无力或全身关节不舒服，这时喝上四五口，效用可以和醍醐、甘露媲美。

如果采茶不适时，制茶不精细，或有其他杂草，这样的茶喝了是会生病的。喝茶会受害的道理和服人参也会受害一样。人参要数上党出产的最好，百济、新罗的为中等，高丽的为下等。泽州、易州、幽州、檀州等地出产的，作药无疗效，何况不是这样的东西？倘若服了荠苨，则使六疾都难以痊愈。知道连人参都会造成祸害的道理后，喝茶会受害也就很清楚了。

茶之具

籯[1]［原注：加追反。］一曰篮，一曰笼，一曰筥[2]。以竹织之，受五升[3]，或一斗、二斗、三斗者[4]，茶人负以采茶也。［原注：籯，《汉书》音盈，所谓“黄金满籯，不如一经”。颜师古云：“籯，竹器也，受四升耳。”］

灶 无用突者[5]。

釜 用唇口者[6]。

甑[7] 或木或瓦，匪腰而泥[8]。篮以箄之[9]，篾以系之[10]。始其蒸也，入乎箄；既其熟也，出乎箄。釜涸，注于甑中。［原注：甑不带而泥之。］又以构木枝三桠者制之[11]。散所蒸牙笋并叶，畏流其膏[12]。

注释

①籯 yíng：筐笼一类的盛物竹器。

②筥 jǔ：圆形的盛物竹器。《诗经·召南·采苹》：“维筐及筥。”毛传曰：“方曰筐，圆曰筥。”

③升：唐代一升约合现在 0.6 升。

④斗：一斗合十升。

⑤突：烟筒。陆羽提出茶灶内不要有烟筒，是为了使

火力集中于锅底，这样可以充分利用锅灶内的热能。

⑥唇口：口敞开，锅口边沿向外翻出。

⑦甑 zèng：古代用于蒸食物的炊器，类似于现代的蒸锅。

⑧匪腰而泥：甑不要用腰部突出的，要将甑与釜连接的部位用泥封住。这样可以最大限度地利用锅釜中的热能。下文原注“甑不带而泥之”其实是注这一句的。

⑨篮以箄 bēi 之：用篮状竹编物放在甑中做隔水器。便于箄中所盛茶叶出入于甑。箄，小笼，覆盖甑底的竹席。

⑩篾以系之：用篾条系着篮状竹编物隔水器箄，以方便其进出甑。

⑪以构木枝三桠者制之：用有三条枝桠的构木制成叉状器物翻动所蒸茶叶。构木，指构树或楮树，桑科，在中国分布很广，它的树皮韧性大，可用来做绳索，故下文有“纫构皮为之”语，其木质韧性也大，且无异味。

⑫膏：膏汁，指茶叶中的精华。

译文

籝［原注：加追反。］又叫篮、笼、筥。用竹子编制，容量有五升或一斗、二斗、三斗的。采茶人背着采茶用。

[原注：籯，《汉书》音盈，所谓“留给儿孙满箱黄金，不如留给他一本经书”。颜师古说：“籯，就是竹器，装得下四升。”]

灶　不要用带烟囱的。

锅　要边缘平的。

甑子　木的或瓦的，不要腰部突出的，周框用泥封好，甑内放竹篮做甑箄，用竹篾系牢。开始蒸茶时，把茶放入篮内的箄，等到蒸好后取出箄，等锅内水干时，再将其倒入甑内。[原注：甑子不要用带捆扎，要用泥封好。]并用三杈形的构木枝搅拌，拌散蒸的芽笋和叶子，以免茶汁流失掉。

杵臼　一曰碓，惟恒用者佳。

规　一曰模，一曰棬[1]，以铁制之，或圆，或方，或花。

承　一曰台，一曰砧，以石为之。不然，以槐桑木半埋地中，遣无所摇动。

襜[2]　一曰衣，以油绢或雨衫、单服败者为之[3]。以襜置承上，又以规置襜上，以造茶也。茶成，举而易之。

芘莉[4]［原注：音“杷离”］　一曰籯子，一曰筹筤[5]。以二小竹，长三尺，躯二尺五寸，柄五寸。以篾织方眼，如圃人土箩，阔二尺，以列茶也。

棨[⑥]　一曰锥刀。柄以坚木为之，用穿茶也。

扑[⑦]　一曰鞭。以竹为之，穿茶以解茶也[⑧]。

焙[⑨]　凿地深二尺，阔二尺五寸，长一丈。上作短墙，高二尺，泥之。

贯　削竹为之，长二尺五寸，以贯茶焙之。

棚　一曰栈。以木构于焙上，编木两层，高一尺，以焙茶也。茶之半干，升下棚，全干，升上棚。

注释

①棬 quān：像升或盂一样的器物，曲木制成。

②襜 chān：凡物下覆，四边冒出来的边沿都叫襜。这里指铺在砧上的布，用以隔离砧与茶饼，使制成的茶饼易于拿起。

③油绢：涂过桐油或其他干性油的绢布，有防水性能。雨衫：防雨的衣衫。单服：单薄的衣服。油衣在唐代是地方贡物的一种，可以防水遮雨。

④芘莉 bìlì：芘、莉为两种草名，此处指一种用草编织成的列茶工具，《茶经》原注中注其音为杷离，与今音不同。可能原本写为笓筣pílí。笓泛指篓筐之类的竹器，是用竹或荆柳编织而成的障碍物；筣，竹名，蔓生，似藤，编织成为笓筣，还带有过滤功能。

⑤篣筤 pángláng：篣、筤为两种竹名，此处义同芘莉，指一种用竹编成的笼、盘、箕等列茶工具。

⑥棨qǐ：指用来在茶饼上钻孔的锥刀。

⑦扑：穿茶饼的绳索、竹条。

⑧解jiè：搬运，运送。

⑨焙bèi：微火烘烤，这里指烘焙茶饼用的焙炉，又泛指烘焙用的装置或场所。

译文

杵臼 又叫碓，以经常使用的为好。

规 又叫模或叫棬，用铁制成，有圆形、方形或花式的。

承 又叫台，或者叫砧子，用石头做成。没有石头做的，就用槐、桑木半埋在地下，不让它晃动。

襜 又叫衣，用旧的绢、雨衫、单衣等制成。把襜放在承上，再把规放在襜上，以便做茶。用上襜，茶块做好以后容易取出。

芘莉［原注：音“杷离”］ 又叫籝子或筹筤，即竹篮和竹笼。通常用两根三尺长的竹子，使其长为二尺五寸，手柄留五寸。用竹篾织成方眼，就像种菜人的土箩，宽二尺，拿来放置茶。

棨 又叫锥刀。锥柄用坚实的木料做成，供穿茶眼用。

扑 又叫鞭，用竹子编成，用来穿茶和分解茶块。

焙 先在地上挖深二尺、宽二尺五寸、长一丈的坑，在上面筑一矮墙，墙高二尺，刷上泥。

贯　竹子削成，长二尺五寸，用来穿茶烘焙。

棚　又称栈。用木料建造在焙的上面，分为两层，高一尺，供焙茶用。茶半干时，把下层放置在上一层，到全干时则拿下来。

穿[1]［原注：音钏］　江东、淮南剖竹为之[2]。巴川峡山纫构皮为之[3]。江东以一斤为上穿，半斤为中穿，四两五两为小穿。峡中以一百二十斤为上穿[4]，八十斤为中穿，五十斤为小穿。“穿”字旧作“钗钏”之“钏”字，或作贯串。今则不然，如“磨”、“扇”、“弹”、“钻”、“缝”五字，文以平声书之，义以去声呼之，其字以“穿”名之。

育　以木制之，以竹编之，以纸糊之。中有隔，上有覆，下有床，傍有门，掩一扇。中置一器，贮煻煨火[5]，令火煴煴然[6]。江南梅雨时[7]，焚之以火。［原注：育者，以其藏养为名。］

注释

①穿 chuàn：贯穿制好茶饼的索状工具。

②江东：唐开元十五道之一江南东道的简称。淮南：

唐淮南道，贞观十道、开元十五道之一。

③巴川峡山：指川东、鄂西地区，今湖北宜昌至四川奉节的三峡两岸。唐人称三峡以下的长江为巴川，又称蜀江。

④峡中：指四川、湖北境内的三峡地带。

⑤煻煨 tángwēi：热灰，可以煨物。

⑥煴 yūn 煴：火势微弱而没有火焰的样子。颜师古注："煴谓聚火无焱者也。""焱"同"焰"，火苗。

⑦江南梅雨时：农历四五月梅子黄熟时，江南正是阴雨连绵、潮湿的季节，故称梅雨时节。江南，长江以南地区。一般指今江苏、安徽两省的南部和浙江省一带。

译文

穿［原注：音钏。］ 在江南东部和淮南地区是用剖开的竹子做的。巴山、峡川一带是用韧性大的构树皮做的，用来包装茶。江东把一斤装的称为上穿，半斤装的叫中穿，四五两装的叫小穿。四川一带把上穿定为一百二十斤，中穿为八十斤，小穿为五十斤。"穿"字以前写作钗钏的"钏"，或写作贯串的"串"，现在就不这样了。这就像"磨""扇""弹""钻""缝"五个字那样，字面上的音调都是平声，但若按其意义读时，则读作去声，所以就用"穿"字定名。

育　用木做成，外围用篾编织，并用纸糊起来。里面分隔，上面有盖，下面有床，旁边开一扇门。当中放一个盛炭火的器具，里面放些火炭灰，使有火却无明焰。江南梅雨季节，要用大火。[原注:“育”，是因用它藏放茶叶而得名的。]

茶之造

凡采茶在二月、三月、四月之间①。

茶之笋者，生烂石沃土，长四五寸，若薇蕨始抽②，凌露采焉③。茶之芽者，发于丛薄之上④，有三枝、四枝、五枝者，选其中枝颖拔者采焉。

其日，有雨不采，晴有云不采。晴，采之，蒸之，捣之，拍之，焙之，穿之，封之，茶之干矣⑤。

注释

①凡采茶在二月、三月、四月之间：唐历与现今的农历基本相同，其二、三、四相当于现在公历的三月中下旬至五月中下旬，也是现今中国大部分产茶区采摘春茶的时期。

②薇蕨：薇，薇科。蕨，蕨类植物。两种植物都根壮茎长，蔓生土中，多回羽状複叶，此处用来比喻新抽芽的茶叶。

③凌露采焉：趁着露水还挂在茶叶上没干时就采茶。

④丛薄：丛生的草木。

⑤茶之干矣：本句意思不是很清楚，诸家注释《茶经》

大体有三解：茶饼完全干燥，茶就做完成了，将茶饼挂在高处风干。

译文

大凡采茶都在二月、三月、四月之间。

芽肥壮如春笋的茶，生长在山崖石间的肥沃土壤上，芽长四五寸，像刚从地面抽生出来的薇、蕨，凌晨带露采摘。芽头短小的，一般长在草木丛中，有三、四、五个分枝的，选择其中好的采摘。

采茶那天若下雨则不采，晴天有云也不要采。天气晴朗时才采。所采的茶要迅即蒸熟、捣碎、拍打成形、焙干、穿起、封装保存，制茶工序便结束了。

茶有千万状，卤莽而言①，如胡人靴者②，蹙缩然［原注：京锥文也。］③；犎牛臆者④，廉襜然⑤；浮云出山者，轮囷然⑥；轻飙拂水者⑦，涵澹然⑧。有如陶家之子，罗膏土以水澄泚［原注：谓澄泥也。］之⑨；又如新治地者，遇暴雨流潦之所经。此皆茶之精腴。有如竹箨者⑩，枝干坚实，艰于蒸捣，故其形簏簁然⑪。有如霜荷者，茎叶凋沮⑫，易其状貌，故厥状委萃然⑬。此皆茶之瘠老者也。

自采至于封，七经目；自胡靴至于霜荷，八

等。或以光黑平正言嘉者，斯鉴之下也；以皱黄坳垤言佳者[14]，鉴之次也；若皆言嘉及皆言不嘉者，鉴之上也。何者？出膏者光，含膏者皱；宿制者则黑，日成者则黄；蒸压则平正，纵之则坳垤[15]。此茶与草木叶一也。

茶之否臧[16]，存于口诀。

注释

①卤莽而言：粗略地说，大致而言。

②胡人靴：胡，我国古代北部和西部非汉民族的通称。他们通常穿着长筒的靴子。

③蹙cù：皱缩。文：纹理。京锥：吴觉农解释为箭矢上所刻的纹理，周靖民解为大钻子刻画的线纹，布目潮沨则沿大典禅师的解说，认为是一种当时著名的纹样。

④犎fēng牛：即封牛，一种脊背隆起的野牛。

⑤廉襜chān然：像帷幕一样有起伏。廉，边侧。襜，围裙，车帷。

⑥轮囷qūn：曲折回旋状。

⑦飙biāo：本义为风暴，这里泛指风。

⑧涵澹：水因微风而摇荡的样子。

⑨澄dèng：沉淀，使液体中的杂质沉淀分离。泚chǐ：清亮，鲜明。澄泥：陶工陶洗陶土。

⑩箨tuò：竹皮，俗称笋壳，竹类主秆所生的叶。

⑪簏shāi：同“筛”，竹器，可以去粗取细，即民间所用的竹筛子。簁shāi：竹筛子。

⑫凋沮：凋谢，枯萎，败坏。

⑬委萃：枯萎，憔悴，枯槁。

⑭坳垤āodié：指茶饼表面凹凸不平整。坳，土地低凹。垤，小土堆。

⑮纵之：放任，草率，不认真制作。

⑯否臧：成败，好坏。

译文

茶的形状多种多样，大略说来：有的像胡人穿的靴子那样皱缩［原注：像京锥文那样］；有的像野牛当胸肩肉那样有褶皱；有的像浮云出山时的状貌，弯曲多变；有的像风拂过水面时，引起的摇曳的微波；有的像做陶器的人用水澄清膏土时，膏面光滑润泽的样子［原注：这就是所谓的澄泥］；有的像新开垦的土地经暴雨洪水冲过一般。这些都属茶中精壮品。有的像竹皮笋壳，枝梗很硬，难以蒸捣，做成的茶表面呈箩筛状；有的像荷花经寒霜摧残后，茎叶凋零，状貌全变，看上去萎缩衰败。这些都属茶中衰贫品。

从采茶到封装，要经过七道工序。自“胡靴”至“霜荷”分为八个等级。有人以为茶块光滑、黑色平整的就是好茶，这种鉴茶水平是很低的；以为茶叶皱缩、黄色且表面凹凸不平的就是好茶，这种鉴评也不高明；认为从茶的光滑与否、颜色、表面等方面看都可以说茶是好或不好的，这样的鉴评才是正确的。为什么呢？茶汁被压出来的茶叶表面就光滑，未被压出来的就皱缩；隔夜做的茶就呈黑色，采后当日制成的就呈黄色；蒸压后就平整，任其自然则凹凸不平。茶和其他草木叶子都是一样的。

茶制得好坏与否，另有口诀。

卷中

茶之器

风炉［原注：灰承］

风炉以铜铁铸之，如古鼎形。厚三分，缘阔九分，令六分虚中，致其圬墁①。凡三足，古文书二十一字②。一足云："坎上巽下离于中③。"一足云："体均五行去百疾。"一足云："圣唐灭胡明年铸④。"其三足之间设三窗，底一窗以为通飙漏烬之所。上并古文书六字，一窗之上书"伊公"二字⑤，一窗之上书"羹陆"二字，一窗之上书"氏茶"二字。所谓"伊公羹，陆氏茶"也。置墆埭于其内⑥，设三格：其一格有翟焉⑦，翟者，火禽也，画一卦曰"离"，其一格有彪焉⑧，彪者，风兽也，画一卦曰"巽"，其一格有鱼焉，鱼者，水虫也⑨，画一卦曰"坎"。巽主风，离主火，坎主水；风能兴火，火能熟水，故备其三卦焉。其饰，以连葩、垂蔓、曲水、方文之类⑩。其炉，或锻铁为之⑪，或运泥为之。其灰承作三足铁盘抬之⑫。

注释

①圬墁：涂抹墙壁。这里指涂抹风炉内壁的泥粉。

②古文：上古之文字，如金文、古籀zhòu文和篆文等。

③坎上巽下离于中：坎、巽、离均为《周易》的卦名。坎卦象水，巽卦象风，离卦象火。煮茶时，坎水在上部的锅中，巽风从炉底之下进入助火之燃，离火在炉中燃烧。

④圣唐灭胡明年铸：灭胡，指广德元年（763）唐朝彻底平定了安禄山、史思明等人的八年叛乱，陆羽的风炉造于此年的第二年，即764年。

⑤伊公：即伊尹，相传他在辅佐汤武王灭夏桀，建立殷商王朝，担任大尹（宰相），所以称他为伊尹。据说他很会烹调煮羹，藉之以为相。《史记·殷本纪》："伊尹名阿衡。阿衡欲干汤而无由，乃为有莘氏媵yìng臣，负鼎俎，以滋味说汤，致于王道。"

⑥墆dì：底。臬niè：小山。墆臬，是一种装在炉膛下部的设备，兼有通风、承炭、漏灰等作用。

⑦翟zhái：长尾的山鸡，又称雉。古代认为野鸡属于火禽。

⑧彪：小虎。古代认为虎从风，属于风兽。

⑨水虫：古代称虫、鱼、鸟、兽、人为五虫，水虫指水族，水产动物。

⑩连葩pā：连缀的花朵图案。葩，即花。垂蔓：小草藤蔓缀成的图案。曲水：曲折回荡的水波纹形图案。方文：方块或几何形花纹。

⑪锻：小冶，一种冶炼方式。

⑫盘：盘子。台：有光滑平面，由腿或其他支撑物固定起来的像台的物件。

译文

风炉 [原注：灰承]

风炉用铜或铁铸成，形状像古代的鼎。炉壁厚三分，炉口边缘宽九分，比炉壁多出的六分向内，其下虚空，用泥土涂上。炉有三只脚，上面写着二十一个古字。一只脚上写着“坎上巽下离于中”，一只脚上写着“体均五行去百疾”，一只脚上写着“圣唐灭胡明年铸”。三只脚之间开设三个孔洞，底下的一个孔洞是作为通风漏灰用的，上面写着六个古字。一个孔洞上写“伊公”二字，一个孔洞上写“羹陆”二字，另一个孔洞上写“氏茶”二字，即所谓“伊公羹，陆氏茶”。炉上设置支锅用的垛，垛之间分成三格：一个格上有“翟”，翟为火鸟，画一卦符叫作“离”；另一格上有“彪”，彪为风兽，也画一卦符叫作“巽”；再一格上有“鱼”，鱼是水中动物，代表水，也画一卦符叫作“坎”。巽属风，离属火，坎属水；风能兴火，火能熟水，所以设置上述这三种卦符。炉子外面可以用莲花、垂蔓植物、流水和文字之类图形装饰。炉子可以用锻铁制作，也可以用泥土来做。风炉用三只脚的铁盘来支撑。

筥

筥，以竹织之，高一尺二寸，径阔七寸。或用藤，作木楦如筥形织之①，六出圆眼②。其底盖若利箧口③，铄之④。

炭挝⑤

炭挝，以铁六棱制之，长一尺，锐上丰中⑥，执细头系一小镊以饰挝也⑦。若今之河陇军人木吾也⑧。或作锤，或作斧，随其便也。

火筴

火筴，一名箸⑨，若常用者，圆直一尺三寸，顶平截无葱台勾锁之属⑩，以铁或熟铜制之。

注释

①楦 xuàn：制鞋帽所用的模型，这里指筥形的木架子。

②六出：花开六瓣及雪花晶成六角形都叫六出，这里指用竹条织出六角形的洞眼。

③利箧：竹箱子。利，当为“箣”，一种小竹。

④铄：磨削平整以美化之义。

⑤炭挝 zhuā：碎炭用的像锤子的工具。

⑥锐上丰中：指铁挝上端细小，中间粗大。

⑦展：炭挝上的饰物。

⑧河陇：河，指唐陇右道河州，在今甘肃临夏附近。陇，指唐关内道陇州，在今陕西宝鸡陇县。木吾 yù：防御用的木棒。吾，通“御”，防御。

⑨箸 zhù：即筷子。火箸即火筷子，火钳。

⑩无葱台勾锁之属：指火筴头无修饰。

译文

筥

筥，是用竹篾织成的，高一尺二寸，径宽七寸。或者用木料做一个同样大小的木架，用藤蔓编织出六个圆眼状纹。底盖像竹箱那样合拢，打磨平整让它更美观。

炭挝

炭挝是用铁做成的六棱铁棒，长一尺，头小而中间较粗，在细的那头系上一个小锯作为装饰，就像现在河陇一带军人所拿的木棒一样。做成锤状或斧状，随各人的便。

火筴

火筴又叫作火筷，跟家常使用的一样，也是直长的圆柱形，长一尺三寸，顶端处截平，没有葱台勾锁等附属物，用铁或熟铜制作。

鍑［原注：音辅，或作釜，或作鬴。］

鍑，以生铁为之。今人有业冶者，所谓急铁[①]，其铁以耕刀之趄[②]，炼而铸之。内模土而外模沙[③]。土滑于内，易其摩涤；沙涩于外，吸其炎焰。方其耳，以正令也[④]。广其缘，以务远也[⑤]。长其脐，以守中也[⑥]。脐长，则沸中[⑦]；沸中，则末易扬；末易扬，则其味淳也。洪州以瓷为之[⑧]，莱州以石为之[⑨]。瓷与石皆雅器也，性非坚实，难可持久。用银为之，至洁，但涉于侈丽。雅则雅矣，洁亦洁矣，若用之恒，而卒归于铁也[⑩]。

交床[⑪]

交床，以十字交之，剜中令虚，也支鍑也。

夹

夹，以小青竹为之，长一尺二寸。令一寸有节，节已上剖之，以炙茶也。彼竹之筱[⑫]，津润于火，假其香洁以益茶味[⑬]，恐非林谷间莫之致。或用精铁、熟铜之类，取其久也。

注释

①急铁：即前文所言的生铁。

②耕刀之趄qiè：用坏了不能再使用的犁头。耕刀，犁头。趄，本义为倾侧、歪斜，这里引申为残破、缺损。

③内模土而外模沙：制鍑的内模用土制作，外模用沙制作。

④正令：使之端正。

⑤"广其缘"二句：鍑顶部的口沿要宽一些，可以将火的热力向全鍑引导，使水烧开沸腾时有足够的空间。

⑥"长其脐"二句：鍑底脐部要略突出一些，以使火力能够集中。

⑦"脐长"二句：鍑底脐部略突出，则煮开水时就可以集中在锅中心位置沸腾。

⑧洪州：唐江南道、江南西道属州，即今江西南昌，历来以产褐色瓷闻名。

⑨莱州：汉代初设东莱郡，隋改莱州，唐继承这一名称，治所在今山东掖县，唐时的辖境相当于今山东掖县、即墨、莱阳、平度、莱西、海阳等地。《新唐书》载莱州贡石器。

⑩而卒归于铁也：最终还是用铁制作鍑好。

⑪交床：即胡床，一种可折叠的轻便坐具，也叫交椅、绳床。唐杜宝《大业杂记》："(炀帝)自幕北还东都，改胡床为交床。"

⑫筱xiǎo：小竹。

⑬“津润于火”二句：小青竹在火上炙烤，表面就会渗出津液和香气。陆羽认为以竹夹夹茶烤炙时烤出的竹液清香纯洁，有助于茶香。

译文

鍑［原注：音辅，或作釜，或作鬴。］

鍑，用生铁铸造。现在有人专门以做这种锅为职业，所谓急铁，就是用废犁刀再炼铸的。鍑的内模要抹上泥土，外模要抹上沙。土细，锅的内壁就较光滑，容易磨光和洗刷；沙粗，锅的外面就粗糙，便于吸收火焰的热力。锅的耳制成方形，取“方正端庄”之义；锅边宽一些，取“伸展广阔”之义；锅脐做长一点，取“和久居中”之义。锅脐长了，水就能更好地在当中沸腾，这样茶沫就容易扬起，茶沫易扬起，茶汤的味道就醇正。洪州用瓷做锅，莱州用石做锅。瓷锅和石锅都属雅器，但质地不坚固，难以持久地用。用银做锅最清洁，但过于奢侈华丽。雅致有雅致的好，洁净也有洁净的好，但若要经久耐用，终归还是铁锅好。

交床

交床是“十”字交叉形的锅架，挖空中间，用来放锅。

夹

夹，用小青竹做成，长一尺二寸，使一头的一寸处有竹节，节外另一头剖开以便烤茶用。小青竹的竹汁借助火力滋润在茶叶上，竹子的香洁气味能增进茶的滋味。这种效果，不在山林中不易做到。或以精铁、熟铜之类的材料制作夹子，来保证经久耐用。

纸囊

纸囊，以剡藤纸白厚者夹缝之[①]。以贮所炙茶，使不泄其香也。

碾［原注：拂末[②]］

碾以橘木为之，次以梨、桑、桐、柘为之。内圆而外方。内圆，备于运行也；外方，制其倾危也。内容堕而外无余木[③]。堕，形如车轮，不辐而轴焉。长九寸，阔一寸七分。堕径三寸八分，中厚一寸，边厚半寸，轴中方而执圆。其拂末以鸟羽制之。

罗合

罗末，以合盖贮之，以则置合中。用巨竹剖而屈之，以纱绢衣之。其合以竹节为之，或屈杉以漆之，高三寸，盖一寸，底二寸，口径四寸。

则

则，以海贝、蛎蛤之属，或以铜、铁、竹匕策之类[4]。则者，量也，准也，度也。凡煮水一升，用末方寸匕[5]。若好薄者，减之；嗜浓者，增之。故云“则”也。

注释

①剡shàn藤纸：剡溪所产以藤为原料制作的纸，唐代为贡品。

②拂末：拂扫归拢茶末的用具。

③堕：碾轮。

④匕：食器，曲柄浅斗，状如今之羹匙、汤勺。古代也用作量药的器具。策：竹片，木片。

⑤方寸匕：唐孙思邈《备急千金要方》卷一：“方寸匕者，作匕正方一寸，抄散取不落为度。”

译文

纸囊

纸囊是用剡溪所产的又白又厚实的藤纸缝起来的双层纸袋，用来贮藏烤好的茶，使茶的香气不至散失。

碾［原注：拂末］

碾用橘木做最好，其次是用梨、桑、桐、柘等木料制作。碾要做得内圆外方。内圆有利于运转，外方能防止它倾倒。碾的里面恰好容纳碾砣。木碾砣的形状就像没有辐的车轮，当中有一个轴，轴长九寸，宽一寸七分。碾砣的直径为三寸八分，当中厚一寸，边厚半寸。轴的中间为方形，轴柄为圆形。拂末用鸟类的羽毛来制作。

罗合

罗筛下的茶末用盒盖贮放，把“则”放在盒中。罗用剖开的大竹片折弯做成，用纱绢包裹住。合用竹节制作，或者弯曲杉木片做成，然后涂上漆。高三寸，盖一寸，底二寸，口径四寸。

则

则是用海贝、蛤蜊之类或铜、铁、竹等材料做成的匙和筷子之类的东西。所谓则，就是量、准、度的意思。一般煮一升水，加入一方寸匕的茶末。喜欢喝淡茶的人，减少一点；爱喝浓茶的人，酌量增加一些。所以称之为则。

水方

水方，以椆木、槐、楸、梓等合之[①]，其里并外缝漆之，受一斗。

漉水囊②

漉水囊，若常用者，其格以生铜铸之，以备水湿，无有苔秽腥涩意③；以熟铜苔秽，铁腥涩也。林栖谷隐者，或用之竹木。木与竹非持久涉远之具，故用之生铜。其囊，织青竹以卷之，裁碧缣以缝之④，纽翠钿以缀之⑤。又作绿油囊以贮之⑥，圆径五寸，柄一寸五分。

瓢

瓢，一曰牺杓⑦。剖瓠为之⑧，或刊木为之。晋舍人杜毓《荈赋》云⑨：“酌之以匏⑩。”匏，瓢也。口阔，胫薄，柄短。永嘉中⑪，余姚人虞洪入瀑布山采茗⑫，遇一道士，云：“吾，丹丘子⑬，祈子他日瓯牺之余⑭，乞相遗也。”牺，木杓也。今常用以梨木为之。

注释

①椆 chóu 木：属山毛榉科，木质坚重。楸、梓均为紫葳科，都是落叶乔木。

②漉 lù：过滤，渗。

③苔秽腥涩：铜与氧化合的氧化物呈绿色，像苔藓，显得很脏，而且还有毒；铁与氧化合的氧化物呈紫红色，闻上去有腥气，口尝有滋味，实际对人

体也有害。

④缣 jiān：细绢。

⑤纽翠钿：纽缀上翠钿以为装饰。翠钿，用翠玉制成的首饰或装饰物。

⑥绿油囊：绿油绢做的袋子。油绢是有防水功能的绢细。

⑦牺杓：一种有雕饰的酒尊。

⑧瓠 hù：蔬类植物，也叫扁浦、葫芦。

⑨杜毓：即杜育（265—316），字方叔，河南襄城人，西晋时人，官至中书舍人。事迹散见于《晋书》傅祗、荀晞、刘琨等传。《荈赋》，原文有散佚，现可从《北堂书钞》《艺文类聚》《太平御览》等书中辑出二十余句。

⑩匏 páo：葫芦之属。

⑪永嘉：晋怀帝年号，307—313 年。

⑫余姚：即今浙江余姚。秦置，隋废，唐武德四年(621)复置，武德七年之后属越州。瀑布山：北宋乐史《太平寰宇记》卷九十八将此条内容系于台州天台县（唐时先后称名始丰县、唐兴县）“瀑布山”下，则此处瀑布山是台州的瀑布山，与下文《茶之出》余姚县的瀑布泉岭不是同一山。

⑬丹丘：神话中的神仙之地，昼夜长明。《楚辞·远游》：“仍羽人于丹丘兮，留不死之旧乡。”后来道家以丹

丘子指来自丹丘仙乡的仙人。

⑭瓯牺：杯杓。此处指喝茶用的杯杓。

译文

水方

水方用、槐、楸、梓等类木板拼合而成，里面及外缝要上漆，能盛水一斗。

漉水囊

一般使用的漉水囊，外框是用生铜铸成的，以避免水湿后沾染青苔、污物，还有腥涩气味；若用熟铜则容易生铜锈变脏，用铁则容易有腥涩气味。居隐山林的人有的也用竹木制作；而竹木制作的，不够经久耐用，不便带着远行，所以都用铜制作。囊用青竹篾编织后卷拢，用青绿色的丝绢缝好，并缀上细翠钿，再用绿色的油绢袋把漉水囊装在里面。漉水囊直径为五寸，柄长一寸五分。

瓢

瓢又叫牺杓，用剖开的葫芦做成，或用木头剜成。晋朝杜育所著的《荈赋》中说："酌之以匏。"匏就是瓢，口宽，胫把处薄，柄短。永嘉年间，余姚人虞洪到瀑布山采茶，遇见一个道士，道士对他说："我叫丹丘子，日后你做的盆杓器皿有多余的，请给我一个。""牺"就是木杓子，现在常用梨木制作。

竹筴

竹筴，或以桃、柳、蒲葵木为之，或以柿心木为之。长一尺，银裹两头。

鹾簋［原注：揭］[①]

鹾簋，以瓷为之。圆径四寸，若合形。或瓶、或罍[②]，贮盐花也。其揭，竹制，长四寸一分，阔九分。揭，策也。

熟盂

熟盂，以贮熟水。或瓷、或砂，受二升。

碗

碗，越州上[③]，鼎州次[④]，婺州次[⑤]；岳州上[⑥]，寿州[⑦]、洪州次。或者以邢州处越州上[⑧]，殊为不然。若邢瓷类银，越瓷类玉，邢不如越一也；若邢瓷类雪，则越瓷类冰，邢不如越二也；邢瓷白而茶色丹，越瓷青而茶色绿，邢不如越三也。晋杜毓《荈赋》所谓："器择陶拣，出自东瓯。"瓯，越也。瓯，越州上。口唇不卷，底卷而浅，受半升已下。越州瓷、岳瓷皆青，青则益茶，茶作白红之

色。邢州瓷白，茶色红；寿州瓷黄，茶色紫；洪州瓷褐，茶色黑。悉不宜茶。

注释

①鹾簋cuóguǐ：盛盐的容器。鹾，味浓的盐。簋，古代椭圆形盛物用的器具。揪：一种竹片做的取盐用具。

②罍léi：酒尊，其上饰以云雷纹，形似大壶。

③越州：治所在会稽（今浙江绍兴），辖境相当于今浦阳江、曹娥江流域及余姚县地。越州在唐、五代、宋时以产秘色瓷器著名，瓷体透明，是青瓷中的绝品。此处越州即指该地的越州窑，以下各州也均是指位于各州的瓷窑。

④鼎州：唐曾经有二鼎州，一在湖南，辖境相当于今湖南常德、汉寿、沅江、桃源等县一带；二在今陕西泾阳、礼泉、三原、云阳一带。

⑤婺州：唐天宝间称为东阳郡，州治今金华，辖境相当于今浙江金华江、武义江流域各县。

⑥岳州：唐天宝间称巴陵郡，州治今岳阳，辖境相当于湖南洞庭湖东、南、北、沿岸各县，岳窑在湘阴县，生产青瓷。

⑦寿州：唐天宝间称寿春郡，在今安徽省寿县一带。寿州窑主要在霍丘，生产黄褐色瓷。

⑧邢州：唐天宝间称巨鹿郡，相当于今河北巨鹿、

广宗以西，泜河以南，沙河以北地区。唐宋时期邢窑烧制瓷器，白瓷尤为佳品。

译文

竹筴

竹筴用桃、柳、蒲葵木制作，或用柿心木来做。长一尺，两头用银包裹起来。

鹾簋［原注：揭］

鹾簋用瓷做成，圆形，径长四寸，呈盒状。有的是瓶状，也有的是罍状，装盐用。“揭”用竹片制成，长四寸一分，宽九分，是用来计量的。

熟盂

熟盂是用来盛装沸水的，或用瓷做，或用砂做，容量两升。

碗

碗以越州出产的为好，鼎州、婺州的差些；岳州的好，寿州、洪州等地出产的差一些。有人以为，邢州的比越州的要好，其实不然。如果说邢瓷似银，越瓷就像玉，这是邢瓷不如越瓷好的第一点；邢瓷似雪，越瓷就像冰，这是邢瓷不如越瓷的第二点；邢瓷白色，而茶汤呈红色，越瓷青色，而茶汤呈绿色，这是邢瓷不如越瓷的第三点。晋朝杜毓《荈赋》中所谓："器择陶拣，出自东瓯。"瓯，即是越州。瓯作为器皿也是越州出产的为好，它的唇口不反卷，底卷而浅，容量在半升以下。越州瓷与岳州瓷都是青色的，青则增进茶色，茶呈现白红之色。邢州瓷白，茶汤就红；寿州瓷黄，茶汤就紫；洪州瓷是褐色的，茶汤就黑，这些都不适合做茶碗。

畚［原注：纸帊］①

畚，以白蒲卷而编之②，可贮碗十枚。或用筥，其纸帊以剡纸夹缝，令方，亦十之也。

札

札，缉栟榈皮以茱萸木夹而缚之③，或截竹束而管之，若巨笔形。

涤方

涤方，以贮涤洗之余，用楸木合之，制如水方，受八升。

滓方

滓方，以集诸滓，制如涤方，处五升。

巾

巾，以绝布为之[4]。长二尺，作二枚互用之，以洁诸器。

具列

具列，或作床[5]，或作架，或纯木、纯竹而制之。或木或竹，黄黑可扃而漆者[6]，长三尺，阔二尺，高六寸。具列者，悉敛诸器物，悉以陈列也。

都篮

都篮，以悉设诸器而名之。以竹篾内作三角方眼，外以双篾阔者经之，以单篾织者缚之，递压双经，作方眼，使玲珑。高一尺五寸，底阔一尺、高二寸，长二尺四寸，阔二尺。

注释

①畚 běn：用蒲草或竹篾编织的盛物器具。纸帊 pà：指茶碗的纸套子。帊，帛二幅或三幅为帊，亦作衣服解。

②白蒲：莎草科，水生植物，可以编席。

③茱萸：落叶乔木或半乔木，有山茱萸、吴茱萸、食茱萸三种，果实红色，有香气，入药，古人常取它的果实或叶子做烹调作料。

④絁shī：粗绸，似布。

⑤床：搁放器物的支架、几案等。

⑥扃jiōng：从外关闭门箱窗柜上的门闩。

译文

畚［原注：茶碗的纸套子。］

畚箕用白蒲编织而成，可以装十个碗。也可以用筥来代替，里面的纸衬以剡溪产的纸夹层缝起来，呈方形，也能装十个碗。

札

札是用棕榈皮捆扎茱萸木条做成的。也可以用截短的竹子捆起来，形状像一支巨大的笔。

涤方

涤方是用来贮积剩下的洗涤之水的，用楸木板拼合制成，制法和水方一样，能容水八升。

滓方

滓方是用来放置渣滓的。制法同涤方一样，容积五升。

巾

巾是用粗绸做的，长二尺。做两条交替使用，用来擦洗各种器具。

具列

具列，或做成床，或做成架，可以用木材或竹子制成。有的也用木材做成竹子的样子，把木架上的横杠漆上黄黑相间的颜色。具列长三尺，宽二尺，高六寸，用来收放和陈列各种器具。

都篮

都篮，是因放置各种器具而得名。里面用竹篾织成三角形方眼，外面用较宽的双篾做经线，用细的单篾编织，交替压着经线织成方眼，使都篮形状玲珑美观。篮高一尺五寸，长二尺四寸，宽二尺。篮底宽一尺，高二寸。

卷下

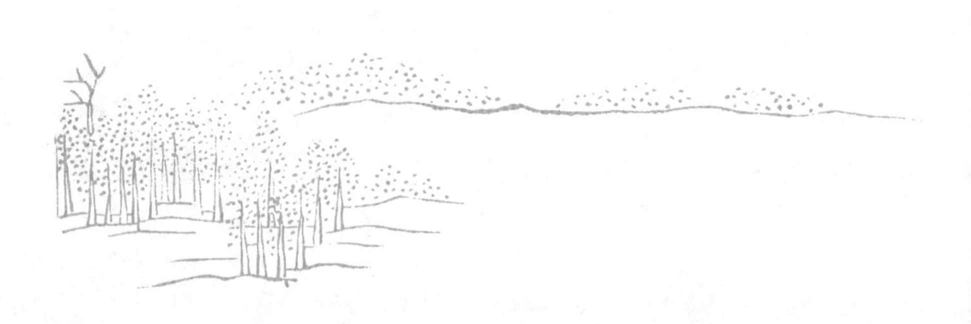

茶之煮

凡炙茶，慎勿于风烬间炙，熛焰如钻[1]，使炎凉不均。持以逼火，屡其翻正，候炮出培塿[2]，状虾蟆背，然后去火五寸。卷而舒，则本其始又炙之。若火干者，以气熟止；日干者，以柔止。

其始，若茶之至嫩者，蒸罢热捣，叶烂而芽笋存焉。假以力者，持千钧杵亦不之烂。如漆科珠[3]，壮士接之，不能驻其指。及就，则似无穰骨也[4]。炙之，则其节若倪倪[5]，如婴儿之臂耳。既而承热用纸囊贮之，精华之气无所散越，候寒末之。［原注：末之上者，其屑如细米；末之下者，其屑如菱角。］

注释

①熛 biāo：迸飞的火焰。

②炮 páo：用火烘烤。培塿：小山或小土堆。

③漆科珠：张芳赐、蔡嘉德解释为漆树籽，圆滑如珠。

④穰 ráng：禾的茎秆。

⑤倪倪：弱小的样子。

译文

炙烤茶饼时，注意不要在有风火的地方烤，因为风吹，使火焰飘忽不定，会导致冷热不能均匀。要靠近火烤，同时不断地翻动，等到茶叶表面被烤出一个个小丘一样的疙瘩，样子像蛤蟆背时，就离火五寸继续烤。卷曲的茶叶又伸展开来时，则应按开始的方法再烤。做茶时，用火烘干的要烤到有了茶香气为止；靠太阳晒干的，烤到茶饼柔软为止。

制茶之初，假如茶叶非常幼嫩，就要蒸熟后趁热舂捣，这样叶子被捣烂了芽头也还能保持完好。即使力气大的人，用极重的杵来舂捣，也不易捣烂芽头。这就像圆滑的漆树籽一样，虽然轻而小，但壮士反而捏不住它。舂好了的茶，就像没有骨头的东西一样。烤茶时，它们柔软得好似婴儿的手臂。接着趁热放在纸袋子里，以免茶叶的香气散失掉。等到茶叶冷了，再取出来碾成末。[原注：好的茶末像细米粒，不好的像菱角。]

其火用炭，次用劲薪。［原注：谓桑、槐、桐、栎之类也。］其炭，曾经燔炙①，为膻腻所及，及膏木、败器不用之②。［原注：膏木为柏、桂、桧也。败器，谓朽废器也。］古人有劳薪之味③，信哉！

其水，用山水上，江水中，井水下。［原注：

《荈赋》所谓："水则岷方之注[4]，挹彼清流。"］其山水，拣乳泉、石池漫流者上[5]；其瀑涌湍漱[6]，勿食之。久食，令人有颈疾。又多别流于山谷者，澄浸不泄，自火天至霜郊以前[7]，或潜龙蓄毒于其间[8]，饮者可决之，以流其恶，使新泉涓涓然，酌之。其江水取去人远者，井水取汲多者。

其沸，如鱼目[9]，微有声，为一沸；缘边如涌泉连珠，为二沸；腾波鼓浪，为三沸。已上，水老，不可食也。初沸，则水合量调之以盐味[10]，谓弃其啜余[11]，［原注：啜，尝也，市税反，又市悦反。］无乃䜴檻而钟其一味乎[12]？［原注：䜴古暂反，檻吐滥反，无味也。］第二沸出水一瓢，以竹筴环激汤心，则量末当中心而下。有顷，势若奔涛溅沫，以所出水止之，而育其华也[13]。

注释

①燔 fán：火烧，烤炙。

②膏木：有油脂的树木。

③劳薪之味：指用陈旧或其他不适宜的木柴烧煮而使味道受影响的食物。

④岷方之注：岷江流淌的清水。

⑤乳泉：从石钟乳滴下的水，富含矿物质。

⑥瀑涌湍漱：山泉汹涌，翻腾冲击。

⑦火天：热天，夏天。霜郊：疑为霜降之误。霜降：节气名，公历10月23日或24日。火天至霜郊，指公历6月至10月霜降以前的这段时间。

⑧潜龙：潜居于水中的龙蛇，蓄毒于水内。周靖民《茶经》校注认为：实际是停滞不泄的积水（死水），滋生了细菌和微生物，并且积存有大量动植物腐败物，经微生物的分解，产生一些有害人身的可溶性物质。

⑨鱼目：水初沸时水面出现的像鱼眼睛的小水泡。唐宋时也称为虾目、蟹眼。

⑩则水合量：估算水的多少调放适量的食盐。则，估算。

⑪弃其啜余：将尝过剩下的水倒掉。

⑫无乃䴔䴖而钟其一味乎：不能因为水中无味而过分加盐，否则岂不是成了只喜欢盐这一种味道了吗？䴔䴖，无味。

⑬华：精华，汤花，茶汤水表面的浮沫。

译文

烤茶的火，用炭烧最好，其次是用火力猛的木柴［原注：指桑、槐、桐、栎等类的木柴］。烤过肉或染有膻味和油腻的木炭，或是含有油脂的木材和朽坏的木器，都不可用来烤茶。［原注：膏木是指柏树、桂树、桧树之类；败器是指朽废了的木器。]古人有“劳薪之味”的说法，诚然是可信的。

煮茶的水，以山水最好，其次是江河水，井水最差。[原注：《荈赋》说：“水要取与江河之源相通的，汲取其最清洁的部分。”]山水选择钟乳石上滴下的水，或石池里流动缓慢的水最好；山上的喷泉水、急流水以及湍急的水和急速旋转的水都不要取来喝，人经常喝这种水会使颈部生病。有些山谷中的水虽然看上去很清，但不流动，从夏天到秋天降霜之前，会有虫蛇与草木的积毒潜浸在里面。喝这种水，要先掘开塘口让有毒的积水流走，等新泉水细细流动时，再汲取饮用。江河的水，要到离人烟较远的地方去取。井水要到经常汲水的井中汲取。

水沸腾时，当水煮到出现鱼眼大的气泡，并微有沸声时，是第一沸；边缘连珠般的水泡向上冒涌时，是第二沸；水面波浪翻腾时，是第三沸。三沸之后，水已煮老，就不要再喝它了。当水刚刚沸腾时，要根据水的多少适当加入一点食盐来调味，尝尝水味，把尝后剩余的丢掉，不要因无味而过多加盐，否则岂不成了喜欢盐水这一种味道了吗？第二沸时，舀出一瓢水，随后用竹筴环搅水汤中心，用“则”量出定量的茶末，于沸水中心投下。不多一会儿，沸水就如波涛一般溅出许多沫子，这时用先前舀出的水浇进去，制止沸腾，使其生成“华”。

凡酌，置诸碗，令沫饽均[①]。［原注：字书并《本草》[②]：饽，茗沫也，蒲笏反。］沫饽，汤之华也。华之薄者曰沫，厚者曰饽，细轻者曰花。如枣花漂漂然于环池之上；又如回潭曲渚青萍之始生[③]；又如晴天爽朗，有浮云鳞然。其沫者，若绿钱浮于水渭[④]；又如菊英堕于樽俎之中[⑤]。饽者，以滓煮之，及沸，则重华累沫，皤皤然若积雪耳[⑥]。《荈赋》所谓"焕如积雪，烨若春藪[⑦]"，有之。

第一煮水沸，而弃其沫，之上有水膜，如黑云母[⑧]，饮之则其味不正。其第一者为隽永，［原注：徐县、全县二反。至美者，曰隽永。隽，味也。永，长也。味长曰隽永，《汉书》蒯通著《隽永》二十篇也[⑨]］。或留熟盂以贮之[⑩]，以备育华救沸之用。诸第一与第二、第三碗次之，第四、第五碗外，非渴甚，莫之饮。

凡煮水一升，酌分五碗[⑪]。［原注：碗数少至三，多至五；若人多至十，加两炉。］乘热连饮之，以重浊凝其下，精英浮其上。如冷，则精英随气而竭，饮啜不消亦然矣。

茶性俭，不宜广，广则其味黯澹。且如一满碗，啜半而味寡，况其广乎！

其色缃也[⑫]，其馨欽也，［原注：香至美曰欽，欽音使。］其味甘，槚也；不甘而苦，荈也；啜苦咽甘，

茶也。［原注：《本草》云其味苦而不甘，槚也；甘而不苦，荈也。］

注释

①饽bō：茶汤表面上的浮沫。

②字书：当指其时已有的字典，如《说文解字》《广韵》《开元文字音义》等。

③回潭：回旋流动的潭水。曲渚：曲曲折折的洲渚。渚，水中陆地。

④绿钱：苔藓的别称。

⑤菊英：菊花，不结果的花叫英，英是花的别名，《楚辞·离骚》："夕餐秋菊之落英。"樽：盛酒的器皿，尊、樽、罇诸字同义。俎：盛肉的器皿。

⑥皤pó皤：白色。

⑦烨yè：明亮，火盛，光辉灿烂。蘛fǔ：花的通名。

⑧黑云母：云母为一种矿物结晶体，片状，薄而脆，有光泽。因所含矿物元素不同而有多种颜色，黑云母是其中的一种。

⑨蒯通著《隽永》二十篇也：语出《汉书·蒯通传》，文曰："（蒯）通论战国时说士权变，亦自序其说，凡八十一首，号曰《隽永》。"此处所引"二十篇"当有误。

⑩或留熟盂以贮之：将第一沸撇掉黑云母的水留一

份在熟盂中待用。

⑪酌分五碗：唐代一升约为600毫升，则一碗茶之量约为120毫升。

⑫缃xiāng：浅黄色。汉刘熙《释名》卷四《释采帛》："缃，桑也，如桑叶初生之色也。"

译文

分盛碗内喝时，要使"沫"和"饽"均匀。[原注：字书与《本草》称"饽"为茗的沫。饽：蒲笏反切读作饽。]"沫"和"饽"就是茶汤的"华"。薄的叫"沫"，厚的叫"饽"，细而轻的叫"花"。"花"就像枣花在圆形水池上面浮动；又像曲折的潭水和凸出的小洲间新长出的青萍；又像晴朗天空中鱼鳞状的浮云。"沫"就像浮在水边的绿钱，又像撒在杯盘里的菊花瓣。"饽"的话，就是煮茶的沉渣时，水一沸腾，就有很多泡沫重叠积聚于水面，一片纯白状如积雪。《荈赋》中所说，"明亮如冬天积雪，光彩似春日百花"，确实是这样的。

初沸之后，要把泡沫上形似黑云母的一层水膜去掉，因为它的味道不正。从锅里舀出的第一碗茶汤叫"隽永"，[原注：隽，徐县反切或全县反切。最好的东西，称为隽永。隽是味道的意思，永是长久的意思。味长叫作隽永。西汉蒯通著《隽永》二十篇。]舀出放在"熟盂"里面，以备止沸和育华的时候用。而后依次从锅里舀出来的第一、第

二、第三碗水味道就差了一些，第四、第五碗以后的，除非实在太渴，否则就不要喝了。

大概煮水一升，根据实际情况斟酌，可分作五碗，[原注：碗数少到三碗，多到五碗；若人多到十个，就应煮两炉。]趁热喝完，才使重浊的物质凝结下沉，精华则浮在上面。如果冷了，精华也就随热气散发掉，没有喝完的茶，精华也会散发掉。

茶性“俭”，水不能加多，否则，味道就淡薄。一碗茶喝了一半之后就会感到味道淡了，何况水加得太多呢！

茶汤颜色浅黄，香气极好。[原注：香气至美叫作“𦤙”，音使。]带甜味的茶是“槚”，不甜而带苦味的是“荈”，尝时苦、咽后甜的是“茶”。

茶之饮

翼而飞[①]，毛而走[②]，呿而言[③]，此三者俱生于天地间，饮啄以活[④]，饮之时义远矣哉！至若救渴，饮之以浆；蠲忧忿，饮之以酒；荡昏寐，饮之以茶。

茶之为饮，发乎神农氏[⑤]，闻于鲁周公，齐有晏婴[⑥]，汉有扬雄、司马相如[⑦]，吴有韦曜[⑧]，晋有刘琨、张载、远祖纳、谢安、左思之徒[⑨]，皆饮焉。滂时浸俗[⑩]，盛于国朝[⑪]，两都并荆俞［原注：俞，当作渝，巴渝也］间[⑫]，以为比屋之饮[⑬]。

注释

①翼而飞：有翅膀能飞的禽类。

②毛而走：有皮毛善于奔走的兽类。

③呿而言：指张口会说话的人类。呿qū，张口状，《集韵》卷三："啓口谓之呿。"

④饮啄：饮水啄食。啄，鸟用嘴取食。

⑤神农氏：又称炎帝。传说中的三皇之一。因以火德为王，故称炎帝。相传以火命名官吏，制作耒耜，教人耕种，故又号神农氏。

⑥晏婴：(?—前500)：春秋时齐国大夫，字平仲，齐国夷维（今山东高密）人，继承父（桓子）取为齐卿，后相齐景公，以节俭力行，善于辞令，名显诸侯。

⑦司马相如：(?—前118)：字长卿，成都（今属四川）人。官至孝文园令，有《凡将篇》等。《史记》《汉书》皆有传记。

⑧韦曜(220—280)：本名韦昭，字弘嗣，晋陈寿《三国志》时避司马昭名讳改其名。三国吴人，官至太傅，后为孙昭所杀。

⑨刘琨（271—318）：字越石，中山魏昌（今河北无极）人，西晋时任并州刺史，拜平北大将军，都督并、幽、冀三州诸军事，死后追封司马空。今传《刘中山集》辑本一卷。张载（生卒年不详）：字孟阳，安平（今河北深州）人。西晋时官至中书侍郎，与弟协、亢俱以文学著名，时称“三张”。远祖纳：即陆纳（320？—395），字祖言，吴郡吴（今江苏苏州）人，东晋时官至尚书令，拜卫将军。中唐以前，门阀观念与谱牒制度仍较强烈，陆羽因与陆纳同姓，故称之为远祖。高祖、曾祖以上的祖先称为远祖。谢安（320—385）：字安石，陈郡阳夏人（今河南太康）人。东晋官至太保、大都督，因领导淝水之战有功，死后追封为庐陵郡公。

左思（约250—305）：字太冲，齐国临淄（今山东淄博）人。西晋文学家，著有《三都赋》《娇女诗》等。晋武帝时始任秘书郎，齐王冏命为记室督，辞疾不就。

⑩滂时浸俗：影响渗透成为社会风气。滂，水势盛大汹涌，引申为浸润的意思。浸，渐渍、浸淫的意思。《汉书·成帝纪》："浸以成俗。"

⑪国朝：指陆羽自己所处的唐朝。

⑫两都：指唐朝的西京长安（今陕西西安）、东都洛阳（今河南洛阳）。荆：荆州，江陵府，天宝间一度为江陵郡，是唐代的大都市之一，也是最大的茶市之一。渝：渝州，天宝间称南平郡，治巴县（今四川重庆）。唐代荆渝间诸州县多产茶。

⑬比屋之饮：家家户户都饮茶。比，通"毗"，毗连。

译文

有翅膀的飞禽、有毛皮的走兽、会说话的人类，三者都生在天地之间，靠吃食喝水而生活。可见喝水历史很悠久！为了解渴就去喝各种液体浆汁，为解除忧愁烦恼就去喝酒，为了消除头昏神倦就去喝茶。

茶成为饮料，由神农氏开始，从周公为茶作记才传闻于世。春秋时有齐国晏婴，汉时有扬雄、司马相如，三国时有吴国的韦曜，晋代有刘琨、张载、陆纳、谢安、左思等，都是好茶之人。饮茶的风气流行之后，逐渐扩散到民间，在本朝最盛，当今的西安和洛阳两都以及湖南、湖北乃至巴渝［原注：俞，应写作“渝”，指巴渝］等地，都把茶当作家常饮料。

饮有粗茶、散茶、末茶、饼茶者。乃斫、乃熬、乃炀、乃舂[①]，贮于瓶缶之中，以汤沃焉，谓之庵茶[②]。或用葱、姜、枣、橘皮、茱萸、薄荷之等，煮之百沸，或扬令滑，或煮去沫，斯沟渠间弃水耳，而习俗不已。

呜呼！天育万物，皆有至妙，人之所工，但猎浅易。所庇者屋，屋精极；所著者衣，衣精极；所饱者饮食，食与酒皆精极。茶有九难：一曰造，二曰别，三曰器，四曰火，五曰水，六曰炙，七曰末，八曰煮，九曰饮。阴采夜焙，非造也；嚼味嗅香，非别也；膻鼎腥瓯，非器也；膏薪庖炭，非火也；飞湍壅潦，非水也；外熟内生，非炙也；碧粉缥尘，非末也；操艰搅遽，非煮也；夏兴冬废，非饮也。

夫珍鲜馥烈者[③]，其碗数三；次之者，碗数五[④]。若坐客数至五，行三碗；至七，行五碗[⑤]；若六人以下[⑥]，不约碗数，但阙一人而已，其隽永补所阙人。

注释

①乃斫、乃熬、乃炀、乃舂：斫，伐枝取叶。熬，蒸茶。炀，焙茶使干，《说文》："炀，炙燥也"。舂，碾磨茶粉。

②"贮于瓶缶"三句：将磨好的茶粉放在瓶罐之类的容器里，用开水浇下去，称之为泡茶。缶，一种大腹紧口的瓦器。庵ān，《茶经》所用泡茶术语，以水浸泡茶叶之意。

③鲜馥烈者：香浓味美的好茶。

④"其碗数三"三句：这里与前文《茶之煮》的相关文字相呼应："诸第一与第二、第三碗次之。第四、第五碗外，非渴甚，莫之饮。""碗数少至三，多至五。"

⑤"若坐客"四句：若有五位客人喝茶，煮三碗的量，酌分五碗；若有七位客人喝茶，煮五碗的量，酌分七碗。

⑥若六人以下：此处"六"疑可能为"十"之误，因前文《茶之煮》原注曰"碗数少至三，多至五。若人多至十，加两炉"，则此处所言之数当为七人以上十人以下。《茶经》所言茶碗数不甚明了，也有研究者认为此处有脱文。

译文

茶有粗茶、散茶、末茶、饼茶。制茶时要先用刀等切碎，再煎熬、烤干、舂捣，然后放在瓶子或细口瓦器之中，再灌上沸水浸泡，称为庵茶。有人用葱、姜、枣、橘皮、茱萸、薄荷等物与茶放在一起充分煮沸，或者扬汤使其沸腾充分，以求汤滑；或煮去茶沫，这些方法煮出的茶汤，和倒在沟里的废水一样不堪饮用，但世人一向习惯如此。

啊！苍天生育万物，都有它的奥妙，世人所做的不过涉及一点肤浅的皮毛。人们借以庇护自己的场所是房屋，房屋建造得很好；穿的是衣服，衣服做得很精美；充饥的是饮食，饭与酒都美味极了。而茶要做到精致却有九种难处：一是采造，二是鉴别，三是器具，四是用火，五是用水，六是炙烤，七是碾末，八是煎煮，九是饮用。阴天采摘，晚上烘烤，还不能算会制作茶；用嘴尝味道，用鼻嗅香气，这不能算会鉴别茶；有膻味的锅炉、有腥气的瓦盆不能用做煮茶、饮茶的器具；有油脂的柴和烤过肉的炭，不能用来烘茶、煮茶；急流的水和淤积的水，不能汲来煮茶；茶烤得外面熟而里面生，不能算是烤好了的茶；碧绿色的茶叶细粉和淡青色的茶叶尘灰混在一起，算不得是茶末；煮茶时操作不熟练，仓促地搅动茶汤，不能算会煮茶；只在夏天喝茶而冬天不喝，不能算懂得饮茶。

要想喝到鲜香味浓的茶，一锅煮出的头三碗最好，较次一等的最多煮到第五碗。若有数位客人，则五人可分酌三碗，七人可分酌五碗。六人则按五人计，不要计较碗数上是否差了一个人的，只用甘美浓郁来补偿多出的那个人。

茶之事

三皇　炎帝神农氏。

周　鲁周公旦，齐相晏婴。

汉　仙人丹丘子，黄山君[1]，司马文园令相如，扬执戟雄。

吴　归命侯[2]，韦太傅弘嗣。

晋　惠帝[3]，刘司空琨，琨兄子兖州刺史演[4]，张黄门孟阳[5]，傅司隶咸[6]，江洗马统[7]，孙参军楚[8]，左记室太冲，陆吴兴纳，纳兄子会稽内史俶，谢冠军安石，郭弘农璞，桓扬州温[9]，杜舍人毓，武康小山寺释法瑶[10]，沛国夏侯恺[11]，余姚虞洪[12]，北地傅巽[13]，丹阳弘君举[14]，乐安任育长[15]，宣城秦精[16]，敦煌单道开[17]，剡县陈务妻[18]，广陵老姥[19]，河内山谦之[20]。

后魏[21]　琅琊王肃[22]。

宋[23]　新安王子鸾，鸾弟豫章王子尚[24]，鲍照妹令晖[25]，八公山沙门谭济[26]。

齐[27]　世祖武帝[28]。

梁[29]　刘廷尉[30]，陶先生弘景[31]。

皇朝　徐英公勣[32]。

注释

①黄山君：汉代仙人。

②归命侯：指孙皓（242—283），三国时吴国的末代皇帝，字元仲，264至280年在位，于280年降晋，被封为归命侯。

③惠帝：司马衷（259—307），是西晋的第二代皇帝，290至306年在位，性痴呆，其皇后贾后专权，在位时有八王之乱。

④刘演：字始仁，刘琨之侄。西晋末，北方大乱，刘琨表奏其任兖州刺史，东晋时官至都督、后将军。

⑤张载：字孟阳，曾任中书侍郎，非黄门侍郎（其弟张协任过此职）。《茶经》此处当有误记。

⑥傅咸（239—294）：字长虞，北地泥阳（今陕西耀县）人，西晋哲学家、文学家傅玄之子，仕于晋武帝、惠帝，历官尚书左、右丞，以议郎长兼司隶校尉等。

⑦江统（？—310）：字应元，陈留圉县（今河南杞县南）人。晋武帝时，为山阳令，迁中郎，转太子洗马，在东宫多年，后迁任黄门侍郎、散骑常侍、国子博士。

⑧孙楚（约218—293）：字子荆，太原中都（今山西平遥）人。晋惠帝初，为冯翊太守。

⑨桓温（312—373）：谯国龙亢（今安徽怀远）人，

字元子，明帝婿。官至大司马，曾任荆州刺史、扬州牧等。

⑩武康：今浙江湖州德清。释法瑶：东晋至南朝宋齐间著名涅槃师，慧净弟子。初住吴兴武康小山寺，后应请入建康，著有《涅槃》《法华》《大品》《胜鬘》等经及《百论》的疏释。

⑪沛国夏侯恺：沛国，在今江苏省沛县、丰县一带。夏侯恺，字万仁，其逸闻载于《搜神记》卷一六。

⑫余姚：今属浙江。虞洪：《神异记》中的人物。

⑬北地：在今陕西耀县一带。傅巽：傅咸的从祖父。

⑭丹阳：今属江苏。弘君举：清严可均辑《全上古三代秦汉三国六朝文》之《全晋文》中录存其文，并言"《隋志》注：'梁有骁骑将军弘戎集十六卷'，疑即此"。

⑮乐安：今山东曲平。任育长：任瞻，晋人。

⑯宣城：今属安徽。秦精：《续搜神记》中的人物。

⑰敦煌：今甘肃敦煌，唐时作燉煌。单道开：东晋穆帝时人，著名道人，西晋末入内地，后于赵都城（今河北魏县）居住甚久，后南游，经东晋建业（今江苏南京），又至广东罗浮山（今惠州北）隐居卒。《晋书》卷九五有传。

⑱剡县：今浙江嵊州。陈务妻：《异苑》中的人物。

⑲广陵：在今江苏扬州。老姥：《广陵耆老传》中的

人物。

⑳河内：古郡县名，治所在今河南沁阳。山谦之（420—470）：南朝宋时河内郡人，著有《吴兴记》等。

㉑后魏：指北朝的北魏（386—534），鲜卑拓跋珪所建，原建都平城（今山西大同），孝文帝拓跋宏迁都洛阳，并改姓“元”。

㉒王肃（464—501）：字恭懿，初仕南齐，后因父兄为齐武帝所杀，乃奔北魏，受到魏孝文帝器重礼遇，为魏制定朝仪礼乐。

㉓宋：即南朝宋（420—479），刘裕推翻东晋后建立的王朝，建都建康（今江苏南京）。

㉔王子鸾：南朝宋孝武帝第八子。子尚为孝武帝第二子，当为兄，《茶经》此处所记有误。

㉕鲍照妹令晖：鲍照（约415—470），曾为临海王前军参军，世称鲍参军。他是南朝宋著名的诗人，其妹令晖亦是一位优秀诗人，钟嵘在其《诗品》中对她有很高的评价，《玉台新咏》载其“著《香茗赋集》行于世”，该集今已佚。

㉖八公山沙门谭济：八公山，在今安徽淮南。沙门，佛家指出家修行的和尚。谭济，即昙济，南朝宋著名成实论法师，著有《六家七宗论》。

㉗齐：萧道成推翻南朝刘宋政权所建的南朝齐（479—502），建都建康（今江苏南京）。

㉘世祖武帝：南朝齐国第二代皇帝萧赜，482 至 493 年在位，崇信佛教，提倡节俭。

㉙梁：萧衍推翻南朝齐所建立的南朝梁（502—557），建都建康（今江苏南京）。

㉚刘廷尉：即刘孝绰（481—539），原名冉，小字阿士，彭城（今江苏徐州）人，廷尉是其官名。

㉛陶弘景（456—536）：南朝齐梁时期道教思想家、医学家，字通明，丹阳秣陵（今江苏江宁县南）人，仕于齐，入梁后隐居于句容句曲山，自号“华阳隐居”。梁武帝每逢大事就入山就教于他，人称山中宰相。死后谥贞白先生。著有《神农本草经集注》《肘后百一方》等。

㉜徐勣：即李勣（594—669），唐初名将，本姓徐，名世勣，字懋功，曾任兵部尚书，拜司空、上柱国，封英国公。唐太宗李世民赐姓李，避李世民讳改为单名勣。

译文

与茶的历史有关的人物有：远古三皇之一的炎帝神农氏，周朝周公旦，春秋时齐国宰相晏婴，汉时仙人丹丘子、黄山君、文园令司马相如、执戟扬雄，三国时吴归命侯孙皓、太傅韦弘嗣，晋朝惠帝司马衷、司空刘琨、琨兄之子兖州刺史刘演、黄门官张孟阳、司隶傅咸、太子洗马江统、参军孙楚、记室左太冲（左思）、吴兴陆纳、纳兄之子会稽内史陆俶、冠军谢安石（谢安）、弘农郭璞、扬州牧桓温、舍人杜毓、武康小山寺僧释法瑶、沛国夏侯恺、余姚虞洪、北地傅巽、丹阳弘君举、乐安任育长、宣城秦精、敦煌单道开、剡县陈务之妻、广陵老姥、河内山谦之，后魏琅琊人王肃，南朝宋新安王刘子鸾、鸾弟豫章王刘子尚、鲍照的妹妹鲍令晖、八公山沙门谭济，南朝齐世祖武帝，南朝梁时廷尉刘孝绰、陶弘景先生、本朝英国公徐勣。

《神农食经》[1]：茶茗久服，令人有力，悦志。

周公《尔雅》：槚，苦荼。

《广雅》云[2]：荆巴间采叶作饼，叶老者，饼成，以米膏出之。欲煮茗饮，先炙令赤色，捣末，置瓷器中，以汤浇覆之，用葱、姜、橘子芼之[3]。其饮醒酒，令人不眠。

《晏子春秋》[4]：婴相齐景公时，食脱粟之饭，炙三弋、五卵[5]，茗菜而已[6]。

司马相如《凡将篇》[7]：乌喙、桔梗、芫华、款冬、贝母、木蘗、蒌、芩草、芍药、桂、漏芦、蜚廉、雚菌、荈诧、白敛、白芷、菖蒲、芒硝、莞、椒、茱萸[8]。

《方言》[9]：蜀西南人谓茶曰葰。

《吴志·韦曜传》：孙皓每飨宴，坐席无不率以七升为限[10]，虽不尽入口，皆浇灌取尽。曜饮酒不过二升。皓初礼异，密赐茶荈以代酒。

注释

①《神农食经》：传说为炎帝神农所撰，实为西汉儒生托名神农氏所作，已失传。

②《广雅》：三国魏张揖所撰，隋代曹宪作音释。体例根据《尔雅》，而内容博采汉代经书笺注及《方言》《说文》等字书增广补充而成。隋代为避炀帝杨广名讳，改名为《博雅》，后二名并用。

③芼 mào：拌和。

④《晏子春秋》：旧题春秋时晏婴撰，所述皆婴遗事。

⑤三弋、五卵：弋，禽类。卵，禽蛋。三、五为虚指，几样。

⑥茗菜：一般认为晏婴当时所食为苔菜而非茗饮。苔菜，古时常吃的一种蔬菜。

⑦《凡将篇》：汉司马相如撰，约成书于公元前130年，缀辑古字为词语而没有音义训释，取开头“凡将”二字篇名，《说文》常引其说，已佚。

⑧以上皆中药名。

⑨《方言》：当为汉扬雄所撰《輶轩使者绝代语释别

国方言》的简称。

⑩升：容量单位。

译文

《神农食经》：长期喝茶，可以使人健康有力，精神饱满。

周公《尔雅》：槚，就是苦茶。

《广雅》中说：湖北与四川交界一带，采茶叶做成茶饼，叶老的，制成茶饼后，用米汤浸泡它。想煮茶喝时，先烤茶饼至黑色，再捣成末，放在瓷器中，加入沸水，用葱、姜、橘子作配料。喝了这种茶可以醒酒，使人不想睡觉。

《晏子春秋》：晏婴给齐景公做宰相时，吃的不过是粗制的米饭，烤几个禽蛋，粗茶淡饭而已。

司马相如《凡将篇》（把茶列为药物）：乌喙、桔梗、芫华、款冬、贝母、木蘖、蒌、芩草、芍药、桂、漏芦、蜚廉、雚菌、荈诧、白敛、白芷、菖蒲、芒硝、莞、椒、茱萸。

《方言》：四川西南部人，把茶叫作“蔎”。

《吴志·韦曜传》：孙皓宴请臣下，喜欢强迫大家喝酒，无论能不能喝酒都以七升为限，喝不够数的也要灌他喝够。韦曜的酒量不过二升，孙皓特别宽免他，悄悄赐茶给他，允许他以茶代酒。

晋《中兴书》[1]：陆纳为吴兴太守时，卫将军谢安常欲诣纳，［原注：《晋书》云："纳为吏部尚书。[2]"］纳兄子俶怪纳无所备，不敢问之，乃私蓄十数人馔。安既至，所设唯茶果而已。俶遂陈盛馔，珍羞毕具。及安去，纳杖俶四十，云："汝既不能光益叔父，奈何秽吾素业？"

《晋书》：桓温为扬州牧，性俭，每宴饮，唯下七奠柈茶果而已[3]。

《搜神记》[4]：夏侯恺因疾死。宗人字苟奴，察见鬼神，见恺来收马，并病其妻。著平上帻[5]，单衣，入坐生时西壁大床，就人觅茶饮。

刘琨《与兄子南兖州刺史演书》云[6]：前得安州干姜一斤[7]，桂一斤，黄芩一斤，皆所须也。吾体中溃闷，常仰真茶，汝可置之。

傅咸《司隶教》曰[8]：闻南方有蜀妪作茶粥卖[9]，为郡吏打破其器具[10]，嗣又卖饼于市。而禁茶粥以困蜀姥，何哉？

注释

①晋《中兴书》：原为八十卷，今存清辑本一卷。旧题为何法盛撰。据李延寿《南史·徐广传》附郤

绍传所载，本是郤绍所著，写成后原稿被何法盛窃去，就以何的名义行于世。

②唐以前有十余种晋代史书，唐太宗命房玄龄等重修，是为官修本《晋书》。该书记载与晋《中兴书》颇有不同。

③下：摆出。奠dìng：同“饤”，用指盛贮食物盘碗数目的量词。拌：通“盘”。

④《搜神记》：晋干宝撰，计二十卷，本条见其书卷十六，文稍异。

⑤平上帻：古时规定武官戴的一种平顶巾帽，有一定款式。

⑥南兖州：据《晋书·地理志下》载：东晋元帝侨置兖州，寄居京口。明帝以郗鉴为刺史，寄居广陵。置濮阳、济阴、高平、泰山等郡。后改为南兖州，或还江南，或居盱眙，或居山阳。因在山东、河南的原兖州已被石勒占领，东晋于是在南方侨置南兖州（同时侨置的有多处）安插北方南逃的官员和百姓。《晋书》所载刘演事迹较简略，只记载任兖州刺史，驻廪丘。刘琨在东晋建立的第二年(318)于幽州被段匹磾所害，这两年刘演尚在北方；“南”字似为后人所加，前面目录也无此字。

⑦安州：晋代没有安州，晋至隋时只有安陆郡，到唐代才改称安州，在今湖北安陆县一带。这一段

文字恐非刘琨原文，当为后人有所更动。

⑧《司隶教》：司隶校尉的指令。司隶校尉，职掌律令、举察京师百官。教，古时上级对下级的一种文书名称，类似现在的指令。

⑨茶粥：又称茗粥、茗糜。把茶叶与米粟、麦子、豆类、芝麻、红枣等合煮的羹汤。

⑩郡吏：不详，当为某级官吏。

译文

《晋中兴书》：陆纳为吴兴太守时，卫将军谢安打算去拜访他。[原注：《晋书》记载：陆纳为吏部尚书。] 陆纳的侄子陆俶怪罪陆纳无所准备，又不敢过问，就私下准备了十多人的酒食。谢安到了陆家，陆纳待客的只是茶果而已，于是陆俶呈上丰盛味美的食物。等到谢安走后，陆纳打了陆俶四十棍子，并说道："你不能给叔父增光就算了，为什么还要玷污我一向清操绝俗的德行。"

《晋书》：桓温做扬州牧时，十分节俭，每次宴会只用果品、茶水招待客人。

《搜神记》：夏侯恺因病死亡。一个叫苟奴的家臣无意中得见鬼神，见夏侯恺回来收他的马，并使他的妻子得了病。夏侯恺戴着平素裹发的头巾，穿着单衣，坐在生前用的西壁大床上，向人要茶喝。

刘琨在《与兄子南兖州刺史演书》中说：前些日子

得到安州干姜一斤、桂一斤、黄芩一斤，都是所需要的。我身体不好，感觉烦闷，常想得到一点真正的好茶，你可购买一些。

傅咸《司隶教》说：听说南方某地的一个市场上，有位四川老大娘，做茶粥卖，因为郡吏把她的卖茶器具打破了，后又在集市上卖饼。为什么要禁卖茶粥，与她为难呢？

《神异记》[①]：余姚人虞洪入山采茗，遇一道士，牵三青牛，引洪至瀑布山曰："吾，丹丘子也。闻子善具饮，常思见惠。山中有大茗可以相给。祈子他日有瓯牺之余，乞相遗也。"因立奠祀。后常令家人入山，获大茗焉。

左思《娇女诗》[②]：吾家有娇女，皎皎颇白皙。小字为纨素[③]，口齿自清历。有姊字惠芳，眉目粲如画。驰骛翔园林，果下皆生摘。贪华风雨中，倏忽数百适。心为茶荈剧，吹嘘对鼎[④]。

张孟阳《登成都楼》诗云[⑤]：借问扬子舍，想见长卿庐[⑥]。程卓累千金[⑦]，骄侈拟五侯[⑧]。门有连骑客，翠带腰吴钩[⑨]。鼎食随时进，百和妙且殊[⑩]。披林采秋橘，临江钓春鱼。黑子过龙醢，果馔逾蟹蝑[⑪]。芳茶冠六清，溢味播九区[⑫]。人生苟安乐，兹土聊可娱。

傅巽《七诲》：蒲桃宛柰[13]，齐柿燕栗，峘阳黄梨[14]，巫山朱橘，南中茶子[15]，西极石蜜[16]。

注释

①《神异记》：西晋惠帝时人王浮作。

②左思《娇女诗》：该诗描写了诗人两个小女儿天真顽皮的形象。

③小字为纨素：小字，一般作乳名解，但这里是指小的那个女儿名字叫纨素，与下面"其姊字蕙芳"是对称的。

④"心为"二句：因为急于要烹好茶茗来喝，于是对着锅鼎吹火。

⑤《登成都楼》：张载父任蜀郡（成都）太守，张载至蜀探亲时作此诗。成都楼，又叫白菟楼。

⑥"借问"二句：扬子，对扬雄的敬称。长卿，司马相如表字。扬雄和司马相如都是成都人。扬雄的草玄堂，司马相如晚年因病不做官时住的庐舍，都在成都楼外不远处。

⑦程卓：汉代程郑和卓王孙两大富豪之家。累千金：积累的财富多。汉代程郑和卓王孙两家迁徙蜀郡临邛以后，因为开矿铸造器物，非常富有。

⑧骄侈拟五侯：说程、卓两家的富丽奢侈，比得上

王侯。五侯：东汉梁冀因为是顺帝的内戚，他的儿子和叔父五人都封为侯爵，过着穷奢极侈的生活。后以五侯泛称权贵之家。

⑨“门有”二句：宾客们接连地骑着马来到，有如车水马龙。连骑，古时主仆都骑马称为连骑，表明这个人身份高贵。翠带，镶嵌翠玉的皮革腰带。吴钩，即吴越之地出产的刀剑，刃稍弯，极锋利，驰誉全国。

⑩“鼎食”二句：鼎食，古时贵族进餐，以鼎盛菜肴，鸣钟击鼓奏乐，所谓“钟鸣鼎食”。时，时节，时新。百和，形容烹调的佳肴多种多样。和，烹调。殊，不同。

⑪黑子：不明为何物，有解作鱼子者。龙醢hǎi：龙肉酱，古人以为味极美。醢，肉酱。蝑xū：《广韵》：“盐藏蟹也。”

⑫芳茶冠六清：芳香的茶茗在六种饮品中称第一。六清，六种饮品，即水、浆、醴（甜酒）、醇（在水中加少量酒而成）、醫（酒的一种）、酉（去渣的粥清）。九区：即九州，意指全中国。

⑬蒲桃宛柰nài：这一段都是在食品前冠以产地。蒲，西晋的蒲阪县，今山西永济西。宛，今河南南阳。柰，俗称花红。

⑭峘阳：峘阳有二解，一是指恒山之阳地区，一是指

恒阳县，今河北曲阳县。

⑮南中：现今云南省。三国蜀诸葛亮南征后，置南中四郡，政治中心在云南曲靖县，范围包括今四川宜宾市以南、贵州西部和云南全省。

⑯西极：指西域或天竺。一说是今甘肃张掖一带，一说泛指我国新疆及中亚。石蜜：一说是用甘蔗炼糖，成块者即为石蜜；一说是蜂蜜的一种，采于石壁或石洞的叫作石蜜。

译文

《神异记》：余姚人虞洪到山里采茶，遇见一个道士，牵着三头青牛，引着虞洪到瀑布山，说道："我是丹丘子，听说你擅长茶饮，常想得到你的惠赠。山里有大茶树，可以送予你。日后你做的盆杓器具有多余的，请送给我一些。"于是虞洪回到家里，设盆杓器具奠祀仙人。后常叫家中人去山里，果然采到好茶叶。

西晋左思所作《娇女诗》：我家有娇女，长得都白皙。小的叫纨素，口齿很伶俐。姐姐叫蕙芳，眉目美如画。蹦蹦跳跳园林中，果子未熟就摘下。爱花哪管风和雨，跑出跑进上百次。看见煮茶心高兴，对着茶炉帮吹气。

张孟阳所作《登成都楼》诗云：请问当年扬雄的住址在哪里？司马相如的故居又是哪般模样？昔日程郑、卓王孙两大豪门，骄奢淫逸，可比王侯之家。他们门前经常是车水马龙，宾客不断。腰间飘曳着绿色的缎带，佩挂名贵的宝刀，家中山珍海味，百味调和，精妙无双。秋天里，人们在橘林中采摘丰收的橘子。春天里，人们在江边把竿垂钓。鱼子胜过龙肉，鱼肉分外细嫩。四川的香茶在各种饮品中可称第一，它那美味在天下享有盛名。如果人们只是苟且地寻求安乐，那成都这个地方还是可以供人们尽情享乐的。

傅巽《七诲》：山西蒲阪的桃，河南南阳的柰，山东的柿，河北的栗子，恒阳的黄梨，巫山的红橘，南中（泛指今四川南部及云贵地区）的茶种,西极（敦煌、川西等较远的许多地区）的乳糖，都是佳品。

弘君举《食檄》：寒温既毕[①]，应下霜华之茗[②]；三爵而终[③]，应下诸蔗、木瓜、元李、杨梅、五味、橄榄、悬豹、葵羹各一杯[④]。

孙楚《歌》：茱萸出芳树颠，鲤鱼出洛水泉。白盐出河东[⑤]，美豉出鲁渊[⑥]。姜、桂、茶荈出巴蜀，椒、橘、木兰出高山。蓼苏出沟渠[⑦]，精稗出中田[⑧]。

华佗《食论》：苦茶久食，益意思。

壶居士《食忌》[⑨]：苦茶久食，羽化[⑩]。与韭同食，令人体重。

郭璞《尔雅注》云：树小似栀子，冬生[⑪]，叶可煮羹饮。今呼早取为茶，晚取为茗，或一曰荈，蜀人名之苦茶。

《世说》[12]：任瞻，字育长，少时有令名[13]，自过江失志[14]。既下饮，问人云：“此为茶？为茗？”觉人有怪色，乃自申明云：“向问饮为热、为冷。”

注释

①寒温：寒暄，问寒问暖。多泛指宾主见面时谈天气冷暖之类的应酬话。

②霜华之茗：茶沫白如霜的茶饮。

③三爵：喝了多杯酒。三，非实数，泛指其多。爵，古代盛酒器，三足两柱。

④诸蔗：甘蔗。元李：大李子。悬豹：当为“悬瓠”。瓠，葫芦科植物。葵羹：绵葵科冬葵，茎叶可煮羹饮。

⑤白盐出河东：河东，在今山西省西南。河东郡境内解州（今山西运城西南）、安邑（今山西运城东北）均产池盐，解盐在我国古代既著名又重要。

⑥鲁渊：鲁，今山东省西南部。渊，湖泽，鲁地多湖泽。

⑦蓼苏：蓼，一种水边植物，味辛辣，古时常作烹饪作料。苏，即紫苏，可生食，与鱼肉作羹，煮饮尤胜。

⑧稗：《正韵》：“精米也。”中田：倒装词，即田中。

⑨壶居士：又称壶公，道家人物，说他在空室内悬

挂一壶，晚间即跳入壶中，别有天地。

⑩羽化：羽化登仙。道家所言修炼成正果后的一种状态。

⑪冬生：茶为常绿植物，在适当的地理、气候条件下，冬天仍可萌发芽叶。

⑫《世说》：《世说新语》的简称，南朝宋临川王刘义庆编撰，内容主要是拾掇汉末至东晋的士族阶层人物的逸闻轶事。

⑬令名：美好的名声。

⑭过江：西晋灭亡后，司马睿在南京建立东晋，西晋旧臣多由北方渡过长江投靠东晋。失志：没有做官。

译文

弘君举《食檄》：相见寒暄之后，应该品上几口浮有白沫的好茶；三杯过后，再喝甘蔗、木瓜、元李、杨梅、五味、橄榄、悬豹、葵煮的汤各一杯。

孙楚《歌》：茱萸果长在芳香树的枝梢上，好的鲤鱼在洛水的源头出没；雪白的盐产在山西，味美的豆豉出自山东；姜、桂、茶出自四川，椒、橘、木兰长在高山上；蓼草和紫苏长在沟渠边上，精米出自良田之中。

华佗《食论》：长期喝茶有益于思考。

壶居士《食忌》：长期喝茶，可羽化成仙；与韭菜一齐食用，可使人增加体重。

郭璞《尔雅注》说：茶树外形较小，像栀子树一样，冬天不落叶，可以煮汤喝。现在，把早采的称做茶，晚采的叫作茗，或叫作荈。四川人称它为苦荼。

《世说》：任瞻，字育长，少时有好名声，自过江后没有再做官。一次做客饮茶时，向人问道："这是茶还是茗？"说完后察觉人家神色怪异，于是自言自语说："我刚才是问喝热的还是冷的。"

《续搜神记》[①]：晋武帝世[②]，宣城人秦精，常入武昌山采茗[③]。遇一毛人，长丈余，引精至山下，示以丛茗而去。俄而复还，乃探怀中橘以遗精。精怖，负茗而归。

晋《四王起事》[④]：惠帝蒙尘还洛阳[⑤]，黄门以瓦盂盛茶上至尊[⑥]。

《异苑》[⑦]：剡县陈务妻，少与二子寡居，好饮茶茗。以宅中有古冢，每饮辄先祀之。二子患之曰："古冢何知？徒以劳。"意欲掘去之，母苦禁而止。其夜梦一人云："吾止此冢三百余年，卿二子恒欲见毁，赖相保护，又享吾佳茗，虽潜壤朽骨，岂忘翳桑之报[⑧]！"及晓，于庭中获钱十万，似久埋者，但贯新耳。母告二子，惭之，从是祷馈愈甚。

《广陵耆老传》[9]：晋元帝时有老姥[10]，每旦独提一器茗，往市鬻之，市人竞买。自旦至夕，其器不减。所得钱散路傍孤贫乞人。人或异之，州法曹絷之狱中。至夜，老姥执所鬻茗器，从狱牖中飞出。

《艺术传》[11]：敦煌人单道开，不畏寒暑，常服小石子。所服药有松、桂、蜜之气，所饮茶苏而已[12]。

注释

①《续搜神记》：又名《搜神后记》，陶潜以后的南朝人伪托所著。

②晋武帝：晋开国君主司马炎（236—290），司马昭之子，继承司马氏事业，逼魏帝让位，灭吴，结束三国鼎立状态，在位 26 年。

③武昌山：据说为孙权命名的山，在今湖北鄂州。

④《四王起事》：南朝卢琳撰，计四卷。

⑤蒙尘：蒙受风尘，皇帝被迫离开宫廷或遭受险恶境况，称蒙尘。据《晋书》，永宁元年（301），赵王伦篡位，将惠帝幽禁于金镛城。

⑥黄门：有官员和宦官，这里当指宦官。

⑦《异苑》：志怪小说及奇闻异事集，南朝刘敬叔撰。

⑧翳桑之报：春秋时晋国大臣赵盾在翳桑打猎时，

遇见了一个名叫灵辄的饥饿垂死之人，赵盾很可怜他，亲自喂他吃饱食物。后来晋灵公埋伏了很多甲士要杀赵盾，突然有一个甲士倒戈救了赵盾。赵盾问及原因，甲士回答他说："我是翳桑的那个饿人，来报答你的一饭之恩。"

⑨《广陵耆老传》：作者及年代不详。

⑩晋元帝：东晋第一代皇帝司马睿（276—323），317年为晋王，318年晋湣帝在北方为匈奴所杀，司马睿在王氏世家支持下在建业称帝，改建业为建康。

⑪《艺术传》：指房玄龄《晋书》卷九五《艺术列传》，此处文字略有出入。

⑫茶苏：亦作"茶苏"，用茶和紫苏做成的饮料。

译文

《续搜神记》：晋武帝时，宣城人秦精常到武昌山采茶。有一次遇到一个丈余高的毛人，毛人把秦精引到山下，指给他成丛的茶树后就走了。过不久毛人又回来，取出揣在怀里的橘子送给秦精。秦精感到害怕，背着茶叶赶紧回家。

晋朝《四王起事》记载：惠帝失位逃离京都，后回到京城洛阳，黄门官用瓦器盛茶献给他。

《异苑》：剡县人陈务的妻子，年轻时领着两个孩子守寡，喜好饮茶。因房宅中有古坟，每次饮茶都先向它祭奠一番。两个孩子感觉讨厌，说道："古坟知道什么，白费好意。"并打算把坟挖掉，母亲苦苦禁止才没有挖成。陈务妻当夜梦见一人说道："我停息在这坟里已三百多年，可您的两个孩子现在多次想把它毁了，承蒙您的保护，还给我喝上好的茶，虽然我只是黄泉之下几根朽骨，又岂能忘记您的恩情！"第二天清早，陈务妻在庭院里得钱十万，这些钱好像已埋了很长时间，但穿钱的绳子却是新的。母亲将此事告诉两个孩子，孩子们感到很惭愧。此后他们给古坟奠祀祭茶也更殷勤了。

《广陵耆老传》：晋朝元帝年间，有个老大娘，每天清早独自提着一壶茶，到市上卖。市上的人争着买，从早到晚壶里的茶水不见减少，卖得的钱都给了路边贫穷的孤人和乞丐，有的人感到奇怪。州衙门里的官吏把老大娘抓到监狱。那天夜间，老大娘带着她卖茶的器具从监狱的窗户飞出去了。

《艺术传》记载：敦煌人单道开不怕冷也不怕热，常吃小石子。服的药有松、桂、蜜的精气，喝的就只有茶叶和紫苏了。

释道悦《续名僧传》[1]：宋释法瑶，姓杨氏，河东人。元嘉中过江[2]，遇沈台真[3]，请真君武康小山寺，年垂悬车[4]，饭所饮茶。大明中[5]，敕吴兴礼致上京，年七十九。

宋《江氏家传》[6]：江统，字应元。迁愍怀太子洗马[7]。尝上疏谏云："今西园卖醯、面、篮子、菜、茶之属，亏败国体。"

《宋录》[8]：新安王子鸾、豫章王子尚诣昙济道人于八公山，道人设茶茗，子尚味之曰："此甘露也，何言茶茗？"

王微《杂诗》[9]：寂寂掩高阁，寥寥空广厦。待君竟不归，收领今就槚[10]。

鲍照妹令晖著《香茗赋》。

南齐世祖武皇帝遗诏：我灵座上慎勿以牲为祭，但设饼果、茶饮、干饭、酒脯而已[11]。

注释

①释道悦《续名僧传》：自晋至唐代有《名僧传》《高僧传》《续高僧传》等数种僧传，《续名僧传》也许为其中一种。

②元嘉：南朝宋文帝年号，424—453 年。

③沈台真：沈演之（397—449），字台真，南朝宋吴兴郡武康人。

④年垂悬车：年纪接近七十岁。古人一般至七十岁辞官居家，废车不用，故云"悬车"。后借指七十岁。

⑤大明：南朝宋孝武帝年号，457—464年。

⑥《江氏家传》：《隋书》记载为江祚等撰，《新唐书》记载为江饶撰，今已佚。

⑦愍怀太子：晋惠帝庶长子司马遹yù，惠帝即位后，立为皇太子。年长后不好学，不尊师，也不喜朝事，专事嬉戏。后被惠帝贾后害死，年二十一。

⑧《宋录》：其书不详。

⑨王微（415—443）：南朝宋琅琊临沂（今山东临沂）人，字景玄，“少好学，无不通览，善属文，能书画，兼解音律、医方、阴阳、术数”（《宋书》）。南朝宋文帝（424—453在位）时，曾为人荐任中书侍郎、吏部郎等，皆不就。死后追赠秘书监。有《杂诗》二首，陆羽所引为第一首。

⑩《玉台新咏》卷三载该诗共计二十八句，陆羽节录最后四句。文字略有不同，如“高阁”《玉台新咏》作“高门”，“收领”作“收颜”。全诗描写了一个采桑妇女，怀念从征多年的丈夫久久不归，最后只好寂静地掩着高门，孤苦伶仃地守着广厦。如果征夫再不回来，她将容颜苍老地就槚了。“就槚”有二解：一是说喝茶，一是行将就木之就槚。

⑪《南齐书》卷三载南齐武帝萧赜永明十一年（493）七月临死前所写遗书：“祭敬之典。本在因心……我灵上慎勿以牲为祭，惟设饼、茶饮、干饭、酒

脯而已。天下贵贱，咸同此制。”文字略有不同。

译文

释道悦《续名僧传》记载：南朝宋时，一个俗姓杨的和尚法瑶，河东人。元嘉年间他到江南，遇着沈台真，于是请沈台真同去浙江武康小山寺。这时他年纪大不再做事，每次吃饭，必定喝茶。大明年间，皇帝下诏到吴兴，请他去京城，那时他年已七十九岁。

南朝宋《江氏家传》：江统，字应元。他迁任愍怀太子洗马，曾给皇帝上书说：“如今西园卖醋、面、篮子和菜、茶等物，有伤国体。”

《宋录》：新安王刘子鸾与豫章王刘子尚到八公山拜访昙济道人，道人设茶敬奉。子尚品茶后说：“这是甘露，为什么叫它苦茶呢？”

王微《杂诗》：寂寂掩高阁，寥寥空广厦；待君竟不归，收领今就槚。

鲍照妹鲍令晖著有《香茗赋》。

南朝齐世祖武皇帝遗诏说：我灵座上切忌用牛羊猪三牲作祭，只要陈设饼果、茶饭、酒和干脯就行了。

梁刘孝绰《谢晋安王饷米等启》[①]：传诏李孟孙宣教旨[②]，垂赐米、酒、瓜、笋、菹、脯、酢、茗八种[3]。气苾新城，味芳云松[4]。江潭抽节，迈昌荇之珍[5]；疆埸擢翘，越葺精之美[6]。羞非纯束野麇，裛似雪之驴[7]；鲊异陶瓶河鲤，操如琼之粲[8]。茗同食粲，酢颜望柑[9]。免千里宿舂，省三月种聚[10]。小人怀惠，大懿难忘[11]。

陶弘景《杂录》：苦茶轻身换骨，昔丹丘子、黄山君服之。

《后魏录》：琅琊王肃仕南朝，好茗饮、莼羹[12]。及还北地，又好羊肉、酪浆。人或问之："茗何如酪？"肃曰："茗不堪与酪为奴[13]。"

注释

①晋安王：即南朝梁武帝第二子萧纲（503—551），初封为晋安王，长兄昭明太子萧统于中大通三年（531）卒后，继立为皇太子，后登位，称简文帝，在位仅二年。启：古时下级对上级的呈文、报告。这里是刘孝绰感谢晋安王萧纲颁赐米、酒等物品的回呈，事在531年以前。

②传诏：官衔名，有时专设，有时临事派遣。

③菹 zū：酢菜。酢：酸醋。

④"气苾"二句：新城的米非常芳香，香高入云。苾，芳香。新城，有人认为是浙江新城县（在今浙江杭州富阳），这里所产米质很好。有人认为这两句

是颂扬酒的美好。新城为新丰城（在今陕西临潼东北新丰镇）的简称，城为汉高祖所建，专酿美酒养其父，历代仍产名酒。云松，形容松树高耸入云。

⑤“江潭”二句：前句指竹笋，后句说菹的美好。迈，越过。昌，通“菖”，香菖蒲，古时有做成干菜吃的。《仪礼·公食大夫礼》注：“菖蒲，本菹也。”荇，多年生水草，龙胆科荇属，古时常用的蔬菜。《诗经·周南·关雎》：“参差荇菜，左右采之。”

⑥“疆埸”二句：田园摘来最好的瓜，特别好。《诗经·小雅·信南山》：“中田有庐，疆埸有瓜。”疆埸yì：田地的边界，大界叫疆，小界叫埸。擢：拔，这里作摘取解。翘：翘首，超群出众。葺：本义是用茅草加盖房屋，周靖民解作积聚、重叠。葺精：加倍好。

⑦“羞非”二句：送来的肉脯，虽然不是白茅包扎的獐鹿肉，却是包裹精美的雪白干肉脯。典出《诗经·召南·野有死麇》：“野有死麇，白茅纯束。”羞，珍馐，美味的食品。纯tún：包束。裛jūn：缠裹。

⑧鲊异陶瓶河鲤：鲊，腌制的鱼或其他食物。河鲤，《诗经·陈风·衡门》：“岂食其鱼，必河之鲤。”黄河出产的鲤鱼，味鲜美。操如琼之粲：馈赠的大米像琼玉一样晶莹。操，拿着。琼，美玉。粲，上等白米，精米。

⑨茗同食粲：茶和精米一样好。酢颜望柑：馈赠的醋像看着柑橘就感到酸味一样的好。柑，柑橘。

⑩“免千”二句：这是刘孝绰总括地说颁赐的八种食品可以用好几个月，不必自己去筹措收集。千里、三月是虚数词，未必恰如其数。《庄子·逍遥游》：“适百里者宿舂粮，适千里者三月聚粮。”

⑪懿：美，善。

⑫莼：水莲科莼属植物，春夏之际，其叶可食用。

⑬后魏杨衒之《洛阳伽蓝记》和《北史·王肃传》对此事有更详细的记载：“肃初入国，不食羊肉及酪浆等物，常饭鲫鱼羹，渴饮茗汁，京师士子道肃一饮一斗，号为漏卮。经数年以后，肃与高祖（孝文帝）殿会，食羊肉、酪粥甚多。高祖怪之，谓肃曰：‘卿中国之味也，羊肉何如鱼羹？茗饮何如酪浆？’肃对曰：‘羊者陆产之最，鱼者乃水族之长，所好不同，并各种珍。以味言之，甚是优劣，羊比齐鲁大邦，鱼比邾莒小国，唯茗不中与酪作奴耳。’高祖大笑。”茗不堪与酪为奴，夸奖北方的乳酪美好，贬低南方茶茗。同时也暗含着饮酪的北方人“尊贵”，饮茶的南方人“低贱”的意思。

译文

南朝梁刘孝绰《谢晋安王饷米等启》。（本启文是刘孝绰对晋安王所赐诸物倍加颂扬，文中把米比作美玉，把茶与粮食等同看待。）

陶弘景《杂录》：茶可以轻身换骨。从前，丹丘子、黄山君喝的就是它。

《后魏录》：琅琊郡人王肃在南朝齐做秘书丞时，喜好喝茶和莼菜汤。后来他回到北方，又爱吃羊肉和酪浆。有人问他："茶的味道与酪浆比起来怎么样？"王肃回答说："茶不配做酪的奴隶。"

《桐君录》[①]：西阳、武昌、庐江、晋陵好茗[②]，皆东人作清茗[③]。茗有饽，饮之宜人。凡可饮之物，皆多取其叶。天门冬、拔楔取根[④]，皆益人。又巴东别有真茗茶[⑤]，煎饮令人不眠。俗中多煮檀叶并大皂李作茶[⑥]，并冷[⑦]。又南方有瓜芦木，亦似茗，至苦涩，取为屑茶饮，亦可通夜不眠。煮盐人但资此饮，而交、广最重[⑧]，客来先设，乃加以香芼辈[⑨]。

《坤元录》[⑩]：辰州溆浦县西北三百五十里无射山[⑪]，云蛮俗当吉庆之时，亲族集会，歌舞于山上。山多茶树。

《括地图》[⑫]：临遂县东一百四十里有茶溪[⑬]。

山谦之《吴兴记》：乌程县西二十里[⑭]，有温山，出御荈。

注释

①《桐君录》：全名为《桐君采药录》，或简称《桐君药录》，药物学著作，已佚。

②酉阳：唐时大致在今湖北黄州一带。武昌：郡名，大致在今湖北鄂州。庐江：郡名，大致在今安徽庐江。晋陵：郡名，辖境大致在今江苏镇江、常州、无锡一带。

③清茗：不加葱姜等作料的清茶。

④天门冬、拔葜：皆为中药。

⑤巴东：郡名，其辖境大致是今四川开县、万县一带。

⑥大皂李：即皂荚，可入药。

⑦并：都。冷：放冷。

⑧交、广：指交州和广州。交州辖境大致在今广西钦州地区。

⑨香芼mào辈：各种香料。

⑩《坤元录》：唐时一部地理类图书。

⑪辰州：在今湖南地区。无射山：无射是东周时的一口钟名，山形如钟，故名。

⑫《括地图》：当为《括地志》，唐时重要地理著作。

⑬临遂县：晋时县名，今湖南衡东县。

⑭乌程县：即今浙江湖州。下文中的温山在该市郊

区白雀乡与龙溪交界处。

译文

《桐君录》：湖北酉阳、武昌，安徽庐江，江苏晋陵等地的人喜欢喝茶，都是东道主备好茶请客。茶汤有饽，喝了对人有好处。凡是可以作饮料的植物，多半是取叶子；但天门冬、㧊拔则要挖根来煎煮，都是对人体有益的。巴东县有真香茗茶，煮了喝使人清醒不想睡觉。民间有用檀叶和大皂李煮汤放冷后当茶喝的。另外，南方有一种瓜芦木，也像茶树，味道很苦涩，采其叶来制成末，当茶煮了喝，也可以使人通宵不睡。煮盐的人，多半靠这种饮料振作精神。交州和广州人最喜爱这种茶，客人来时，都要先用此茶款待，并加上些芳香的配料。

《坤元录》：湖南辰州溆浦县西北三百五十里有座无射山，山区的少数民族有一种风俗，每当吉庆时日，亲族会集在山上跳舞、唱歌。山上有很多茶树。

《括地图》：临遂县东一百四十里有茶溪。

山谦之《吴兴记》：乌程县西二十里的温山，出产贡茶。

《夷陵图经》[1]：黄牛、荆门、女观、望州等山[2]，茶茗出焉。

《永嘉图经》[3]：永嘉县东三百里有白茶山。

《淮阴图经》[4]：山阳县南二十里有茶坡。

《茶陵图经》云[5]：茶陵者，所谓陵谷生茶茗焉。

《本草·木部》[6]：茗，苦荼。味甘苦，微寒，无毒。主瘘疮[7]，利小便，去痰渴热，令人少睡。秋采之苦，主下气消食。注云：春采之。

《本草·菜部》：苦菜，一名荼，一名选，一名游冬，生益州川谷[8]，山陵道旁，凌冬不死。三月三日采，干。注云[9]："疑此即是今茶，一名荼，令人不眠。"《本草》注[10]："按，《诗》云：'谁谓荼苦'[11]，又云：'堇荼如饴'[12]，皆苦菜也。陶谓之苦茶，木类，非菜流。茗，春采，谓之苦搽［原注：途遐反］。"

《枕中方》[13]：疗积年瘘，苦茶、蜈蚣并炙，令香熟，等分，捣筛，煮甘草汤洗，以末傅之。

《孺子方》[14]：疗小儿无故惊蹶[15]，以苦搽、葱须煮服之。

注释

①夷陵：郡名，辖境大致在今湖北宜昌一带。

②黄牛、荆门、女观、望州：皆为夷陵当地名山。

③永嘉：郡名，在今浙江温州一带。

④淮阴：郡名，在今江苏淮安一带。

⑤茶陵：在今湖南茶陵。

⑥《本草》：即《唐本草》。

⑦瘘lòu疮：瘘，瘘管，人体体内因发生病变而生成的管子。疮，疮疖，多发生溃疡。

⑧益州：即今四川成都。

⑨“注云”以上是《唐本草》照录《神农本草经》的原文，“注云”以下是陶弘景《神农本草经集注》文字。

⑩《本草》注：即《唐本草》的注。

⑪谁谓荼苦：出自《诗经·邶风·谷风》：“谁谓荼苦，其甘如荠。”

⑫堇荼如饴：出自《诗经·大雅·绵》：“周原膴膴，堇荼如饴。”

⑬《枕中方》：孙思邈著录的医书。

⑭《孺子方》：小儿医书，作者等情况不详。

⑮惊蹶：带有痉挛症状的小儿病。发病时，儿童常神志不清，手足痉挛，容易跌倒。

译文

《夷陵图经》：黄牛、荆门、女观、望州等山上，出产茶叶。

《永嘉图经》：浙江永嘉县东三百里有白茶山。

《淮阴图经》：浙江山阳县南二十里处，有茶坡。

《茶陵图经》说：湖南省茶陵县，是因为那里的丘陵和山谷生长茶树而得名。

《本草·木部》：茗，就是苦茶，味甜苦，性微寒，无毒；能治瘘疮，利尿，去痰，止渴解热，使人清醒少睡；秋天采的味苦，有下气、消食的功效。《本草注》说：春天采茶。

《本草·菜部》：苦菜，又叫荼，又叫选，又叫游冬。在川西河谷、山陵道旁生长，寒冷的冬天也不会冻死，每年三月三日采制，晒干收藏。《本草注》说："可能这就是现在的茶树，又叫荼，喝了使人睡不着。"《本草注》按："《诗经》说：'谁说荼是苦的？'又说：'堇菜和荼的味道很甘美。'都属于苦菜。陶弘景所说的苦茶是木本植物，并不是蔬菜类。茗在春天采的叫作苦搽。"

《枕中方》：治疗多年未愈的疮，用苦茶和蜈蚣一起焙烤到发出香气，平均分作两份，捣碎筛粉，用甘草煮汤清洗患处，然后敷上药粉。

《孺子方》：治疗无缘无故的小儿惊厥，用苦搽和葱须根煎水喝。

茶之出

山南[1]**，以峡州上**[2]**，**［原注：峡州生远安、宜都、夷陵三县山谷[3]。］**襄州、荆州次**[4]**，**［原注：襄州生南郑县山谷[5]；荆州生江陵县山谷[6]。］**衡州下**[7]**，**［原注：生衡山[8]、茶陵二县山谷。］**金州、梁州又下**[9]。［原注：金州生西城、安康二县山谷[10]；梁州生褒城、金牛二县山谷[11]。］

注释

①山南：唐贞观十道之一，因在终南、太华二山之南，故名。其辖境相当于今四川嘉陵江流域以东，陕西秦岭、甘肃嶓塚山以南，河南伏牛山西南，湖北涢水以西，自重庆至湖南岳阳之间的长江以北地区。

②峡州：一名硖州，因在三峡之口得名，在今湖北宜昌。唐李肇《唐国史补》记载这里出产的名茶有碧涧、明月、芳蕊、小江园茶等。上：与下文的“次”“下”“又下”，是陆羽所评各州茶叶品质的四个等级。

③远安、宜都、夷陵三县：皆是唐峡州属县。三地都在今湖北省内。

④襄州：隋时称襄阳郡，唐改为襄州，治所襄阳县

即今湖北襄樊汉水南襄阳城。荆州：又称江陵郡，后升为江陵府。详见62页注。荆州除江陵县产茶外，当阳县清溪玉泉山出仙人掌茶，松滋县也产碧涧茶，北宋时被列为贡品。

⑤南郑县：约在今湖北省西北部的南郑县。

⑥江陵县：荆州州治所在地，今属湖北。

⑦衡州：即今湖南衡阳一带。

⑧衡山：约在今湖南衡山。

⑨金州：今陕西石泉以东、旬阳以西的汉水流域。《新唐书》载金州土贡芽茶。唐杜佑《通典》记载金州土贡“茶芽一斤”。梁州：今陕西汉中、南郑、城固、勉县以及宁强县北部地区。

⑩西城：金州治所，即今陕西安康县。安康：金州属，在今陕西汉阴县。

⑪褒城：在今陕西汉中县西北。金牛：大致在今陕西宁强县。

译文

山南地区的茶，数峡州的最好，[原注：峡州茶树分布在远安（湖北）、宜都（湖北）、夷陵（湖北宜昌）三县山谷。]襄州和荆州产的其次，[原注：襄州茶树分布在南郑县（今地不详）；荆州茶树分布江陵县（湖北）山谷。]衡州产的品质差，[原注：衡州茶分布在衡山（湖南）和茶陵（湖南）两县山谷。］金州和梁州产的品质更差。［原注：金州茶分布在西城（陕西）和安康（陕西）两县山谷；梁州茶分布在褒城（陕西南郑）和金牛（陕西宁强）两县山谷。］

淮南[①]**，以光州上**[②]**，**［原注：生光山县黄头港者[③]，与峡州同。］**义阳郡**[④]**、舒州次**[⑤]**，**［原注：生义阳县钟山者与襄州同[⑥]；舒州生太湖县潜山者与荆州同[⑦]。］**寿州下**[⑧]**，**［原注：盛唐县生霍山者，与衡州同也[⑨]。］**蕲州**[⑩]**、黄州又下**[⑪]。［原注：蕲州生黄梅县山谷[⑫]；黄州生麻城县山谷，并与荆州、梁州同也。］

注释

①淮南：道名，其辖境在今淮河以南、长江以北、东至湖北应山、汉阳一带。

②光州：大概是今河南潢川、光山、固始、商城、新县一带。

③光山县：即今河南光山县。黄头港：周靖民《茶经》校注称潢河（原称黄水）自新县经光山、潢川入淮河，黄头港在浒湾至晏家河一带。

④义阳郡：相当于今河南信阳市、信阳县及罗山县。

⑤舒州：辖今安徽太湖、宿松、望江、桐城、枞阳、安庆市、岳西县和今怀宁县。

⑥义阳县：唐申州义阳县，在今河南信阳南。钟山：山名，《大清一统志》卷一百六十八谓在信阳东十八里。

⑦太湖县：唐舒州太湖县，即今安徽太湖县。潜山：山名，北宋乐史《太平寰宇记》卷一二五："潜山在县西北二十里，其山有三峰，一天柱山，一潜山，一皖山。"南宋祝穆《方兴胜览》卷四九："一名潜岳，在怀宁西北二十里。"

⑧寿州：今安徽寿县、六安、霍邱、霍山县一带。

⑨盛唐县生霍山：盛唐县，原为霍山县，在今安徽六安。霍山，山名，在霍山县西北五里，又名天柱山。霍山在唐代产茶量多且著名，称为"霍山小团""黄芽"。

⑩蕲州：今湖北蕲春、浠水、黄梅、广济、英山一带。唐裴汶《茶述》把蕲阳茶列为全国第一类贡品。唐李肇《唐国史补》卷下载当地名茶有"蕲门团潢"。

⑪黄州：今湖北黄冈、麻城、黄陂、红安、大悟、新洲县等地。

⑫黄梅县：今属湖北。

译文

淮南地区，数光州产的茶最好，[原注：光山县（河南）黄头港的茶与峡州的一样。] 义阳郡和舒州产的其次，[原注：义阳县（河南信阳）钟山的茶和襄州的一样；舒州太湖县（安徽）潜山的与荆州的一样。］寿州产的差，［原注：盛唐县（安徽六安）霍山的与衡山的一样。］蕲州、黄州产的更差。［原注：蕲州茶分布在黄梅县（湖北）山谷；黄州茶分布在麻城市（湖北）山谷，与荆州、梁州的一样。］

浙西①，以湖州上②，［原注：湖州，生长城县顾渚山谷③，与峡州、光州同；生山桑、儒师二寺④，白茅山悬脚岭⑤，与襄州、荆南、义阳郡同；生凤亭山伏翼阁飞云、曲水二寺，啄木岭⑥，与寿州、常州同；生安吉、武康二县山谷⑦，与金州、梁州同。］常州次⑧，［原注：常州义兴县生君山悬脚岭北峰下⑨，与荆州、义阳郡同；生圈岭善权寺、石亭山⑩，与舒州同。］宣州、杭州、睦州、歙州下⑪，［原注：宣州，生宣城县雅山⑫，与蕲州同；太平县生上睦、临睦⑬，与黄州同；杭州临安、于潜二县生天目山⑭，与舒州同；钱塘生天竺、灵隐二寺⑮；睦州生桐庐县山谷⑯，歙州生婺源山谷⑰；与衡州同。］润州、苏州又下⑱。［原注：润州江宁县生傲山⑲，苏州长洲县生洞庭山⑳，与金州、蕲州、梁州同。］

注释

①浙西：唐至德二年（757）置浙江西道、浙江东道两节度使方镇。浙江西道简称浙西，大致辖今安徽、

江苏两省长江以南、浙江富春江以北以西、江西鄱阳湖东北角地区。

②湖州：辖境相当于今浙江湖州、长兴、安吉、德清县东部等地。《新唐书》载土贡紫笋茶。

③长城县：即今浙江长兴。顾渚山：唐代又称顾山。《新唐书》载："顾山有茶，以供贡。"唐裴汶《茶述》把它与蒙顶、蕲阳茶同列为全国上等贡品。

④山桑、儒师二寺：长兴县的两个小地名。

⑤白茅山：即白茆山，在长兴县西北七十里。悬脚岭：在今浙江长兴西北。悬脚岭是长兴与宜兴分界处，境会亭即在此。

⑥凤亭山：在长兴县西北五十里，相传有凤楼于此。伏翼阁：在长兴县西三十九里，涧中多产伏翼。飞云寺：在长兴县飞雪山。曲水寺：不详。啄木岭：在长兴县西北六十里，因山多啄木鸟而得名。

⑦安吉县：即今浙江湖州安吉县。武康县："（三国）吴分乌程、余杭二县立永安县。晋改为永康，又改为武康。武德四年（621）置武州，七年州废，县属湖州。"（《晋唐书》卷四十）

⑧常州：辖境相当于今江苏常州、武进、无锡、宜兴、江阴等地。《新唐书》载土贡紫笋茶。

⑨义兴县：即今江苏宜兴市。常州所贡茶即宜兴紫笋茶，又称阳羡紫笋茶。唐裴汶《茶述》把义兴

茶列为全国第二类贡品。君山：北宋乐史《太平寰宇记》记“君山，在县南二十里，旧名荆南山，在荆溪之南”。

⑩善权寺：位于阳羡县东南。善权，相传是尧舜时的隐士。石亭山：宜兴城南一小山。

⑪宣州：辖境相当于今安徽长江以南，郎溪、广德以西、旌德以北、冬至以东地区。杭州：辖境相当于今浙江杭州、余杭、临安、海宁、富阳、临安等地。睦州：辖境相当于今浙江淳安、建德桐庐等地。《新唐书》载土贡细茶。唐李肇《唐国史补》载名茶“睦州有鸠坑”。鸠坑在淳安县新安江畔。歙州：辖境相当于今安徽新安江流域、祁门和江西婺源等地。唐杨晔《膳夫经手录》载有“新安含膏”“先春含膏”等茶。

⑫雅山：又写作“鸦山”“鸭山”“丫山”，在宁国县西北三十里。

⑬太平县：今属安徽。上睦、临睦：周靖民《茶经》校注称其系太平县二乡名。上睦乡在黄山北麓，临睦乡在其北。

⑭临安：即今杭州临安。于潜：今浙江临安西于潜镇。天目山：在临安县西北五十里，与于潜县接界。山有两目，在临安者为东天目，在于潜者为西天目。

⑮钱塘：钱塘县，即今浙江杭州。灵隐寺：在市西

十五里灵隐山下（西湖西）。南面有天竺山，其北麓有天竺寺，后世分建上、中、下三寺，下天竺寺在灵隐飞来峰。陆羽曾到过杭州，撰写有《天竺灵隐二寺记》。

⑯桐庐县：即今浙江桐庐。

⑰婺源：在今江西婺源西北。

⑱润州：辖境相当于今江苏南京、句容、镇江、丹徒、丹阳、金坛等地。苏州：辖境相当于今江苏苏州、吴县、常熟、昆山、吴江、太仓，浙江嘉兴、海盐、嘉善、平湖、桐乡及上海市大部分。

⑲江宁县：今属江苏。

⑳长洲县：相当于今苏州吴县。洞庭山：周靖民《茶经》校注称唐代仅指今所称的西洞庭山，又称包山，系太湖中的小岛。

译文

浙西，数湖州的最好，[原注：湖州茶分布在长城县（浙江长兴）顾渚山谷，与峡州、光州的一样；分布在山桑、儒师二寺，白茅山悬脚岭的与襄州、荆南、义阳的一样；凤亭山伏翼阁飞云、曲水两寺庙及啄木岭出产的，与寿州、常州的一样；分布在安吉（浙江）、武康（浙江）两县山谷的与金州、梁州的一样。] 常州产的也好，[原注：常州义兴县（江苏宜兴）君山悬脚岭北峰下的与荆州、义阳的一样；圈岭善权寺、石亭山的与舒州的一样。] 宣州、杭州、睦州、歙州的差，[原注：宣州宣城县（安徽）雅山的与蕲州的一样；太平县上睦、临睦的与黄州的一样。杭州临安、于潜两县（浙江）天目山的与舒州的一样；钱塘（浙江）天竺、灵隐两寺的，睦州桐庐县（浙江）山谷的，歙州婺源（江西）山谷的，与衡州的一样。] 润州和苏州产的更差。[原注：润州江宁县（江苏）傲山、苏州长洲县（江苏吴县境内）洞庭山的，与金州、蕲州、梁州的一样。]

剑南[①]，以彭州上[②]，[原注：生九陇县马鞍山至德寺、棚口[③]，与襄州同。] 绵州、蜀州次[④]，[原注：绵州龙安县，生松岭关[⑤]，与荆州同。其西昌、昌明、神泉县西山者并佳[⑥]；有过松岭者不堪采。蜀州，青城县生丈人山[⑦]，与绵州同。青城县有散茶、木茶。] 邛州次[⑧]，雅州、泸州下[⑨]，[原注：雅州百丈山、名山[⑩]，泸州泸川者[⑪]，与金州同也。] 眉州、汉州又下[⑫]。[原注：眉州，丹棱县生铁山者[⑬]，汉州，绵竹县生竹山者[⑭]，与润州同。]

注释

①剑南：唐贞观十道、开元十五道之一，因在剑门山以南遂得名。辖境包括现在的四川大部和云南、贵州、甘肃的部分地区。

②彭州：辖境相当于今四川彭县、都江堰市地。

③九陇县：即今四川彭州。马鞍山：南宋祝穆《方兴胜览》卷五十四载彭州西有九陇山，其五曰走马陇，或即《茶经》所言马鞍山。至德寺：《方兴胜览》卷五十四载彭州有至德山，寺在山中。棚口：一作“堋口”，有堋口茶场，旧载在彭县西北二十五里。堋口茶，唐代已著名，五代毛文锡《茶谱》云：“彭州有蒲村、堋口、灌口，其园名仙崖、石花等，其茶饼小而布嫩芽如六出花者尤妙。”

④绵州：辖境相当于今四川罗江上游以东、潼河以西江油、绵阳间的涪江流域。蜀州：辖境相当于今四川崇州、新津等市县地。蜀州名茶有雀舌、乌觜、麦颗、片甲、蝉翼，都是散茶中的上品。

⑤龙安县：今四川安县。五代毛文锡《茶谱》：“龙安有骑火茶，最上，言不在火前、不在火后作也。清明改火。故曰骑火。”松岭关：在龙安县西北七十里。唐初设关，开元十八年废。松岭关在绵、茂、龙三州边界，是川中人茂汶、松潘的要道。唐时有茶川水，是因产茶为名，源出松岭南，至安县与龙安水合。

⑥西昌县：今四川安县东南花荄hāi镇，属绵州。昌明县：在今四川江油南彰明镇，属绵州。该地产茶，唐白居易《春尽日》诗曰：“渴当一碗绿昌明”。神泉县：

以县西有泉十四穴，平地涌出，治病神效，称为神泉，并以名县，属绵州，在今四川安县塔水镇。产茶，唐李肇《唐国史补》："东川有神泉小园、昌明兽目。"西山：岷山山脉在甘、川边境折而由北至南走向，在岷江与涪江之间，位于四川北川、安县、绵竹、彭县、灌县以西，唐代称汶山。这里指安县以西的这一山脉。

⑦青城县：今四川都江堰（旧灌县）东南，属蜀州。因境内有著名的青城山而得名。丈人山：青城山有三十六峰，丈人山是主峰。

⑧邛州：辖境相当于今四川邛崃、大邑、蒲江等市县地，地产茶。

⑨雅州：辖境相当于今四川雅安、庐山、名山、荥经、天全、宝兴等地。所产蒙顶茶与顾渚紫笋茶是唐代最著名的名茶。蒙邛崃山脉的尾脊，有五峰，在名山县西。泸州：辖境相当于今四川沱江下游及长宁河、永宁河、赤水河流域。

⑩百丈山：在名山县东北六十里。名山：一名蒙山，鸡栋山，在名山县西北十里，县以此名。百丈山、名山皆产茶，五代毛文锡《茶谱》言"雅州百丈、名山二者尤佳"。

⑪泸川：泸川县，即今四川泸州。

⑫眉州：辖境相当于今四川眉山、彭山、丹棱、青神、

洪雅等地。地产茶，五代毛文锡《茶谱》言其饼茶如蒙顶制法，而散茶叶大而黄，味颇甘苦。汉州：辖境相当于今四川广汉、德阳、什邡、绵竹、金堂等地。

⑬丹棱县生铁山者：丹棱县，即今四川丹棱县。铁山，周靖民认为可能是铁通山，在丹棱县东南四十里。

⑭绵竹县：今属四川绵竹。竹山：应为绵竹山，又名紫岩山、武都山。

译文

剑南地区数彭州产的茶最好，[原注：九陇县（四川）马鞍山至德寺、棚口的，与襄州的一样。] 绵州、蜀州产的也较好，[原注：绵州龙安县（四川安县东北）松岭关的，与荆州的一样。其西昌县、昌明县（四川盐源西南）、神泉县（四川安县南）西山的都好。越过松岭的没有采摘价值。蜀州青城县（四川灌县西）丈人山的，与绵州的一样。青城县有散茶和木茶。] 邛州产的其次。雅州和泸州产的差，[原注：雅州百丈山、名山，泸州泸川的与金州的一样。] 眉州、汉州产的更差。[原注：眉州丹棱县（四川）铁山和汉州绵竹县（四川）竹山的，与润州的一样。]

浙东[1]，以越州上[2]，［原注：余姚县生瀑布泉岭，曰仙茗[3]，大者殊异，小者与襄州同。］明州、婺州次[4]，［原注：明州鄞县生榆荚村[5]，婺州东阳县东白山，与荆州同[6]。］台州下[7]。［原注：台州始丰县生赤城者[8]，与歙州同。］

黔中[9]，生恩州、播州、费州、夷州[10]。

江南[11]，生鄂州、袁州、吉州[12]。

岭南[13]，生福州、建州、韶州、象州[14]。［原注：福州生闽县方山之阴也[15]。］

其恩、播、费、夷、鄂、袁、吉、福、建、韶、象十一州未详，往往得之，其味极佳。

注释

①浙东：唐代浙江东道节度使方镇的简称，辖境相当于今浙江省衢江流域、浦阳江流域以东地区。

②越州：辖境相当于今浙江浦阳江（浦江县除外）、曹娥江、甬江流域，包括绍兴、余姚、上虞、嵊州、诸暨、萧山等地。唐时剡溪茶甚著名，产于越州所属嵊县。

③余姚县：为姚州治所。瀑布泉岭：此岭在余姚，与《茶之器》“瓢”条下台州瀑布山不是同一座山。

④明州：辖境相当于今浙江宁波、鄞县、慈溪、奉化等地和舟山群岛。婺州：辖境相当于今浙江金

华江流域及兰溪、浦江等地。地产茶，唐杨晔《膳夫经手录》记婺州茶与歙州等茶远销河南、河北、山西，数千里不绝于道路。

⑤鄞县：宁波的古称。

⑥东阳县：今属浙江。东白山：在东阳县东北八十里，西有西白山相对。该山产茶。

⑦台州：因境内天台山得名，辖境相当于今浙江临海、台州及天台、仙居、宁海、象山、三门、温岭六县地。

⑧始丰县：今浙江天台。赤诚：赤诚山，在今浙江天台县西北。

⑨黔中：大致辖今湖北清江中上游，湖南沅江上游，贵州毕节、桐梓、金沙、晴隆等市县以东，四川綦江、彭水、黔江，及广西东兰、凌云、西林、南丹等地。

⑩恩州：辖境相当于今贵州沿河、务川、印江和四川酉阳等地。播州：辖境相当于今贵州遵义、桐梓等地。费州：辖境相当于今贵州德江、思南县地。夷州：辖境相当于今贵州凤岗、绥阳、湄潭等地。

⑪江南：江南道，唐贞观十道之一，因在长江之南而名。其辖境相当于今浙江、福建、江西、湖南等地，江苏、安徽的长江以南地区，以及湖北、四川长江以南一部分和贵州东北部地区。

⑫鄂州：辖境相当于今湖北蒲圻以东，阳新以西，武汉长江以南，幕阜山以北地区。地产茶，唐杨

晔《膳夫经手录》说，鄂州茶与蕲州茶、至德茶产量很大。袁州：辖境相当于今江西萍乡、新余以西的袁水流域。吉州：辖境相当于今广东、广西、海南三省区、云南南盘江以南及越南的北部地区。

⑬岭南：岭南道，辖境相当于今广东、广西、海南三省区、云南南盘江以南及越南的北部地区。

⑭福州：辖境相当于今福建尤溪县北尤溪口以东的闽江流域和古田、屏南、福安、福鼎等市县以东地区。建州：辖境相当于今福建南平以上的闽江流域（沙溪中上游除外）。地产茶，唐末以后，建州北苑茶逐渐成为五代南唐和北宋的主要贡茶。韶州：辖境相当于今广东曲江、翁源、乳源以北地区。象州：辖境相当于今广西象州、武宣等县地。

⑮闽县：为福州治。

译文

浙东地区数越州的茶最好，[原注：余姚县（浙江）瀑布泉岭的茶称为“仙茗”，大的品质差别很大，小的与襄州的一样。] 明州、婺州产的也较好，[原注：明州鄞县（浙江）榆荚村，婺州东阳县（浙江）东目山的，与荆州的一样。] 台州产的差。[原注：台州始丰县（今地不详）赤城（山名，在浙江天台）的与歙州的一样。]

黔中的茶产在恩州、播州、费州、夷州。

江南的茶产在鄂州、袁州、吉州。

岭南的茶产在福州、建州、韶州、象州。[原注：福州产在闽县方山之阴。]

恩、播、费、夷、鄂、袁、吉、福、建、韶、象十一州，情况不详。往往得到这些地方的茶叶，品尝起来味道都非常好。

茶之略

其造具，若方春禁火之时[①]，于野寺山园，丛手而掇[②]，乃蒸，乃舂，乃炙，以火干之，则又棨、扑、焙、贯、棚、穿、育等七事皆废[③]。

其煮器，若松间石上可坐，则具列废。用槁薪、鼎枥之属[④]，则风炉、灰承、炭杻、火筴、交床等废。若瞰泉临涧，则水方、涤方、漉水囊废。若五人已下，茶可末而精者[⑤]，则罗合废。若援藟跻岩[⑥]，引絙入洞[⑦]，于山口炙而末之，或纸包合贮，则碾、拂末等废。既瓢、碗、竹筴、札、熟盂、鹾簋悉以一筥盛之，则都篮废。

但城邑之中，王公之门，二十四器阙一[⑧]，则茶废矣。

注释

①禁火：即寒食节，清明节前一日或二日，旧俗以寒食节禁火冷食。

②丛手而掇：聚众手一起采摘茶叶。

③废：弃置不用。

④枥：同“鬲”，形状同鼎，有三足，可直接在其下生火，而不需要炉灶。

⑤茶可末而精者：茶可以研磨得比较精细。

⑥蕾：藤。

⑦絙 gēng：粗绳。

⑧二十四器：此处言二十四器，但在《茶之器》中包括附属器共列出了二十九种。（罗与合应计为两种，实有三十种。）

译文

制茶器具方面，若是在开春寒食节的时候，到郊野寺庙或深山茶地，大家动手采摘，并随采、随蒸、随舂，随即用火干燥，那么，棨、扑、焙、贯、棚、穿、育等七种制茶设备便可以省略。

对于煮茶器具，若是在松林之间，器具又可以放在石头上，那么，具列便可以不要。用枯槁木柴烧火，用鼎样的锅煮茶，那么，风炉、灰承、炭挝、火筴、交床等就没有必要；若是在水泉、涧溪之旁煮茶，那么水方、涤方、漉水囊就可不要；若人数不多，仅五人以下，茶叶可以碾成细末而且非常好时，罗合就用不着了；倘若要攀藤爬崖，拉着绳子到山洞，在洞口焙烤茶并碾成细末，或用纸或用盒装着茶末去的，碾和拂末就没必要带了；若瓢、碗、竹筴、札、熟盂、鹾簋都可以用一个竹筐装盛，那么都篮也不必要了。

但在城里，王公之家，二十四种器具，缺任何一件都算不上品茶了。

茶之图[①]

以绢素或四幅[②]，或六幅，分布写之，陈诸座隅，则茶之源、之具、之造、之器、之煮、之饮、之事、之出、之略目击而存，于是《茶经》之始终备焉。

注释

①图：将上述内容写在丝绢上，然后陈列在显眼处，并非一般意义上的图画。

②绢素：素色的丝绢。素色一般是指白色。幅：按唐律规定，绸织物一幅是一尺八寸。

译文

用洁白的绢四幅或六幅把《茶经》所述各项分别写在上面，挂在四面墙壁上陈列着。这样，对茶的起源、制茶工具、茶叶的制作、煮茶所需要的器具、煮茶的方法、饮茶的方法、有关茶的历史记述、茶的产地及在不同情况下制茶和煮茶可以省略的器具等，就可一目了然。于是，《茶经》从头到尾都具备了。

附录一

唐 《陆龟蒙集·和茶具十咏》

茶坞

茗地曲隈回，野行多缭绕。
向阳就中密，背涧差还少。
遥盘云髻慢，乱簇香篝小。
何处好幽期，满岩春露晓。

茶人

天赋识灵草，自然钟野姿。
闲来北山下，似与东风期。
雨后探芳去，云间幽路危。
惟应报春鸟，得共斯人知。

茶笋

所孕和气深，时抽玉笤短。
轻烟渐结华，嫩蕊初成管。
寻来青霭曙，欲去红云暖。
秀色自难逢，倾筐不曾满。

茶籯

金刀劈翠筠，织似波纹斜。
制作自野老，携持伴山娃。
昨日斗烟粒，今朝贮绿华。
争歌调笑曲，日暮方还家。

茶舍

旋取山上材，架为山下屋。
门因水势斜，壁任岩隈曲。
朝随鸟俱散，暮与云同宿。
不惮采掇劳，只忧官未足。

茶灶

无突抱轻岚，有烟映初旭。
盈锅玉泉沸，满甑云芽熟。
奇香袭春桂，嫩色凌秋菊。
炀者若吾徒，年年看不足。

茶焙

左右捣凝膏，朝昏布烟缕。
方圆随样拍，次第依层取。
山谣纵高下，火候还文武。

见说焙前人，时时炙花脯。

茶鼎

新泉气味良，古铁形状丑。
那堪风雨夜，更值烟霞友。
曾过赪石下，又住清溪口。
且共荐皋庐，何劳倾斗酒。

茶瓯

昔人谢坻埞，徒为妍词饰。
岂如珪璧姿，又有烟岚色。
光参筠席上，韵雅金罍侧。
直使于阗君，从来未尝识。

煮茶

闲来松间坐，看煮松上雪。
时于浪花里，并下蓝英末。
倾余精爽健，忽似氛埃灭。
不合别观书，但宜窥玉札。

附录二

唐 《皮日休集·茶中杂咏·茶具》

茶籝

筤篣晓携去，蓦过山桑坞。
开时送紫茗，负处沾清露。
歇把傍云泉，归将挂烟树。
满此是生涯，黄金何足数。

茶灶

南山茶事动，灶起岩根傍。
水煮石发气，薪燃杉脂香。
青琼蒸后凝，绿髓炊来光。
如何重辛苦，一一输膏粱。

茶焙

凿彼碧岩下，恰应深二尺。
泥易带云根，烧难碍石脉。
初能燥金饼，渐见干琼液。

九里共杉林，相望在山侧。

茶鼎

龙舒有良匠，铸此佳样成。

立作菌蠢势，煎为潺湲声。

草堂暮云阴，松窗残月明。

此时勺复茗，野语知逾清。

茶瓯

邢客与越人，皆能造前器。

圆似月魂堕，轻如云魄起。

枣花势旋眼，苹沫香沾齿。

松下时一看，支公亦如此。

附录三

历代涉茶诗文摘句

《合璧事类·龙溪除起宗制》有云："必能为我讲摘山之制，得充厩之良。"

胡文恭《行孙咨制》有云："领算商车，典领茗轴。"

唐武元衡有《谢赐新火及新茶表》。刘禹锡、柳宗元有《代武中丞谢赐新茶表》。

韩翃《为田神玉谢赐茶表》，有"味足蠲邪，助其正直；香堪愈疾，沃以勤劳。吴主礼贤，方闻置茗；晋臣爱客，才有分茶"之句。

《宋史》："李稷重秋叶、黄花之禁。"

宋《通商茶法诏》，乃欧阳修笔。《代福建提举茶事谢上表》，乃洪迈笔。

谢宗《谢茶启》："比丹丘之仙芽，胜乌程之御荈。不止味同露液，白况霜华。岂可为酪苍头，便应代酒从事。"

《茶榜》："雀舌初调，玉碗分时茶思健；龙团捶碎，金渠碾处睡魔降。"

刘言史《与孟郊洛北野泉上煎茶》，有诗。

僧皎然《寻陆羽不遇》，有诗。

白居易有《睡后茶兴忆杨同州》诗。

皇甫曾有《送陆羽采茶》诗。

刘禹锡《石园兰若试茶歌》有云："欲知花乳清冷味，须是眠云石人。"

郑谷《峡中尝茶》诗："入座半瓯轻泛绿，开缄数片浅含黄。"

杜牧《茶山》诗："山实东南秀，茶称瑞草魁。"

施肩吾诗："茶为涤烦子，酒为忘忧君。"

秦韬玉有《采茶歌》。

颜真卿有《月夜啜茶联句》诗。

司空图诗："碾尽明昌几角茶。"

李群玉诗："客有衡山隐，遗余石廪茶。"

李郢《酬友人春暮寄枳花茶》诗。

蔡襄有"北苑茶垄采茶、造茶、试茶诗五首"。

《朱熹集·香茶供养黄檗长老悟公塔》，有诗。

文公《茶坂》诗："携籯北岭西，采叶供茗饮。一啜夜窗寒，跏趺谢衾枕。"

苏轼有《和钱安道寄惠建茶》诗。

《坡仙食饮录》有《问大冶长老乞桃花茶栽》诗。

《韩驹集·谢人送凤团茶》诗："白发前朝旧史官，风炉煮茗暮江寒；苍龙不复从天下，拭泪看君小凤团。"

苏辙有《咏茶花诗》二首，有云："细嚼花须味亦长，新芽一粟叶间藏。"

孔平仲《梦锡惠墨，答以蜀茶》，有诗。

岳珂《茶花盛放满山》诗，有“洁躬淡薄隐君子，苦口森严大丈夫”之句。

《赵抃集·次谢许少卿寄卧龙山茶》诗，有“越芽远寄入都时，酬唱争夸互见诗”之句。

文彦博诗：“旧谱最称蒙顶味，露芽云液胜醍醐。”

张文规诗：“明月峡中茶始生。”明月峡与顾渚联属，茶生其间者，尤为绝品。

孙觌有《饮修仁茶》诗。

韦处厚《茶岭》诗：“顾渚吴霜绝，蒙山蜀信稀。千丛因此始，含露紫茸肥。”

《周必大集·胡邦衡生日以诗送北苑八镑日注二瓶》：“贺客称觞满冠霞，悬知酒渴正思茶。尚书八饼分闽焙，主簿双瓶拣越芽。”又有《次韵王少府送焦坑茶》诗。

陆放翁诗：“寒泉自换菖蒲水，活火闲煎橄榄茶。”又《村舍杂书》：“东山石上茶，鹰爪初脱鞲。雪落红丝硙，香动银毫瓯。爽如闻至言，余味终日留。不知叶家白，亦复有此否。”

刘诜诗：“鹦鹉茶香堪供客，荼蘼酒熟足娱亲。”

王禹偁《茶园》诗：“茂育知天意，甄收荷主恩。沃心同直谏，苦口类嘉言。”

《梅尧臣集·宋著作寄凤茶》诗：“团为苍玉璧，隐起双飞凤。独应近日颁，岂得常寮茶。”又《李求仲寄建溪洪井茶七品》云："忽有西山使，始遗七品茶。末品无水晕，六品无沉柤 。五品散云脚，四品浮粟花。三品若琼乳，二品罕所加。绝品不可议，甘香焉等差。"又《答宣城梅主簿遗鸦山茶》诗云："昔观唐人诗，茶咏鸦山嘉。鸦衔茶子生，遂同山名鸦。"又有《七宝茶》诗云："七物甘香杂蕊茶，浮花泛绿乱于霞。啜之始觉君恩重，休作寻常一等夸。"又吴正仲饷新茶，沙门颖公遗碧霄峰茗，俱有吟咏。

戴复古《谢史石窗送酒并茶》诗曰："遗来二物应时须，客子行厨用有余。午困政需茶料理，春愁全仗酒消除。"

费氏《宫词》："近被宫中知了事，每来随驾使煎茶。"

杨廷秀有《谢木舍人送讲筵茶》诗。

叶适有《寄谢王文叔送真日铸茶》诗云："谁知真苦涩，黯淡发奇光。"

杜本《武夷茶》诗："春从天上来，嘘弗通寰海。纳纳此中藏，万斛珠蓓蕾。"

刘秉忠《尝云芝茶》诗云："铁色皱皮带老霜，含英咀美入诗肠。"

高启有《月团茶歌》，又有《茶轩诗》。

杨慎有《和章水部沙坪茶歌》，沙坪茶出玉垒关外，实唐山。

董其昌《赠煎茶僧》诗："怪石与枯槎，相将度岁华。凤团虽贮好，只吃赵州茶。"

娄坚有《花朝醉后为女郎题品泉图》诗。

程嘉燧有《虎丘僧房夏夜试茶歌》。

《南宋杂事诗》云："六一泉烹双井茶。"

朱隗《虎丘竹枝词》："官封茶地雨前开，皂隶衙官搅似雷。近日正堂偏体贴，监茶不遣掾曹来。"

绵津山人《漫堂咏物》有《大食索耳茶杯诗》云："粤香泛永夜，诗思来悠然。"

薛熙《依归集》有《朱新庵今茶谱序》。

附录四

历代涉茶图画名目

唐张萱有《烹茶士女图》，见《宣和画谱》。

唐周昉寓意丹青，驰誉当代，宣和御府所藏有《烹茶图》一。

五代陆滉《烹茶图》一，宋中兴馆阁储藏。

宋周文矩有《火龙烹茶图》四，《煎茶图》一。

宋李龙眠有《虎阜采茶图》，见题跋。

宋刘松年绢画《卢仝煮茶图》一卷，有元人跋十余家。范司理龙石藏。

王齐翰有《陆羽煎茶图》，见王世懋《澹园画品》。

董逌《陆羽点茶图》，有跋。

元钱舜举画《陶学士雪夜煮茶图》，在焦山道士郭第处，见詹景凤《东冈玄览》。

史石窗名文卿，有《煮茶图》，袁桷作《煮茶图诗序》。

冯璧有《东坡海南烹茶图并诗》。

严氏《书画记》有杜柽居《茶经图》。

汪珂玉《珊瑚网》载《卢仝烹茶图》。

明文征明有《烹茶图》。

沈石田有《醉茗图》，题云："酒边风月与谁同，阳羡春雷醉耳聋。七碗便堪酬酩酊，任渠高枕梦周公。"

沈石田有《为吴匏庵写虎丘对茶坐雨图》。

《渊鉴斋书·画谱》，陆包山治有《烹茶图》。

元赵松雪有《宫女啜茗图》，见《渔洋诗话·刘孔和诗》。

附录五

清　《续茶经·茶法》

《唐书》："德宗纳户部侍郎赵赞议，税天下茶、漆、竹、木，十取一，以为常平本钱。及出奉天，乃悼悔，下诏亟罢之。及朱泚平，佞臣希意兴利者益进。贞元八年，以水灾减税。明年，诸道盐铁使张滂奏：'出茶州县若山及商人要路，以三等定估，十税其一。自是岁得钱四十万缗。穆宗即位，盐铁使王播图宠以自幸，乃增天下茶税，率百钱增五十。天下茶加斤至二十两，播又奏加取焉。右拾遗李珏上疏谓：'榷率本济军兴，而税茶自贞元以来方有之，天下无事，忽厚敛以伤国体，一不可；茗为人饮，盐粟同资，若重税之，售必高，其弊先及贫下，二不可；山泽之产无定数，程斤论税，以售多为利，若腾价则市者寡，其税几何，三不可。'其后王涯判二使，置榷茶使，徙民茶树于官场，焚其旧积者，天下大怨。令狐楚代为盐铁使兼榷茶使，复令纳榷，加价而已。李石为相，以茶税皆归盐铁，复贞元之制。武宗即位，崔珙又增江淮茶税。是时茶商所过州县有重税，或夺掠舟车，露积雨中，诸道置邸以收税，谓之踏地钱。大中初，转运使裴休著条约：私鬻如法论罪，天下税茶增倍贞元。江淮茶为大模，一斤至五十两。诸道盐铁使于悰，每斤增税钱五，谓之剩茶钱，自是斤两复旧。”“元和十四年，归光州茶园于百姓，从刺史房克让之请也。”“裴休领诸道盐铁转运使，立税茶十二法，人以为便。”“藩镇刘仁恭禁南方茶，自撷山为茶，号山曰大恩，以邀利。”“何易于为益昌令盐铁官，榷取茶利诏下，所司毋敢隐。易于视诏曰：‘益昌人不征茶且不可活，矧厚赋毒之乎？’命吏阁诏。吏曰：‘天子诏何敢拒。吏坐死，公得免窜耶？’易于曰：‘吾敢爱一身，移暴于民乎？亦不使罪及尔曹。’即自焚之。观察使素贤之，不劾也。”“陆贽为宰相，以赋役烦重，上疏云：‘天灾流行四方，代有税茶钱积户部者，宜计诸道户口均之。’”

《五代史》：“杨行密，字化源，议出盐茗，俾民输帛幕府。高勖曰：‘创破之余，不可以加敛，且帑资何患不足。若悉我所有，以易四邻所无，不积财而自有余矣。’行密纳之。”

《宋史》：“榷茶之制，择要会之地，曰江陵府，曰真州，曰海州，曰汉阳军，曰无为军，曰蕲之蕲口，为榷货务六。初，京城、建安、襄复州皆有务，后建安、襄复之务废，京城务虽存，但会给交钞往还而不积茶货。在淮南则蕲、黄、庐、舒、光、寿六州，官自为场，置吏总谓之山场者十三。六州采茶之民皆隶焉，谓之园户。岁课作茶输租，余则官悉市之。总为岁课八百六十五万余斤，其出鬻者皆就本场。在江南则宣、歙、江、池、饶、信、洪、抚、筠、袁十州，广德、兴国、临江、建昌、南康五军；两浙则杭、苏、明、越、婺、处、温、台、湖、常、衢、睦十二州；荆湖则江陵府，潭、澧、鼎、鄂、岳、归、峡七州，荆门军；福建则建、剑二州，岁如山场输租折税。”

“总为岁课江南千二十七万余斤，两浙百二十七万九千余斤，荆湖二百四十七万余斤，福建三十九万三千余斤，悉从六榷货务鬻之。茶有二类，曰片茶，曰散茶。片茶蒸造，实棬模中串之，唯建、剑则既蒸而研，编竹为格，置焙室中，最为精洁，他处不能造。有龙、凤、石乳、白乳之类十二等，以充岁贡及邦国之用。其出虔、袁、饶、池、光、歙、潭、岳、辰、澧州，江陵府，兴国、临江军，有仙芝、玉津、先春、绿芽之类二十六等；两浙及宣、江、鼎州，又以上中下或第一至第五为号。散茶出淮南、归州、江南、荆湖，有龙溪、雨前、雨后之类十一等，江、浙又有上中下或第一等至第五为号者。民之欲茶者售于官，给其食用者，谓之食茶，出境者则给券。商贾贸易，入钱若金帛京师榷货务，以射六务、十三场，愿就东南入钱若金帛者听。凡民茶匿不送官及私贩鬻者没入之，计其直论罪。园户辄毁败茶树者，计所出茶论如法。民造温桑为茶，比犯真茶计直十分论二分之罪。主吏私以官茶贸易及一贯五百者死。自后定法，务从轻减。太平兴国二年，主吏盗官茶贩鬻钱三贯以上，黥面送阙下。淳化三年，论直十贯以上，黥面配本州牢城。巡防卒私贩茶，依旧条加一等论。凡结徒持仗贩易私茶、遇官司擒捕抵拒者，皆死。太平兴国四年，诏鬻伪茶一斤，杖一百，二十斤以上弃市。”［注：厥后更改不一，载全史。］“陈恕为三司使将立茶法，召茶商数十人，俾条陈利害，第为三等，具奏太祖曰：‘吾视上等之说取利太深，此可行于商贾，不可行于朝廷。下等之说，固灭裂无取。惟中等之说，公私皆济。吾裁损之，可以经久。’行之数年，公用足而民富实。”“太祖开宝七年，有司以湖南新茶异于常岁，请高其价以鬻之，太祖曰：‘道则善，毋乃重困吾民乎。’即诏第复旧制，勿增价值。”“熙宁三年，熙河运使以岁计不足，乞以官茶博籴，每茶三斤易粟一斛，其利甚薄。朝廷谓茶马司本以博马，不可以博籴于茶。马司岁额外，增买川茶两倍，朝廷别出钱二万给之。令提刑司封桩，又令茶马官程之邵兼转运使，由是数岁边用粗足。”“神宗熙宁七年，干当公事李杞入蜀经画买茶，秦凤，熙河博马。王上留言西人颇以善马至边交易，所嗜惟茶。自熙、丰以来，旧博马皆以粗茶，乾道之末，始以细茶遗之。成都利州路十二州产茶二千一百二万斤，茶马司所收大较若此。”“茶利，嘉祐间禁榷时，取一年中数计一百九万四千九十三贯八百八十五钱，治平间通商后，计取数一百一十七万五千一百四贯九百一十九钱。”

琼山丘氏曰：后世以茶易马，始见于此。盖自唐世回纥入贡，先已以马易茶，则西北之嗜茶有自来矣。

苏辙《论蜀茶状》：“园户例收晚茶，谓之秋老黄茶，不限早晚，随时即卖。”

沈括《梦溪笔谈》：“乾德二年，始诏在京、建州、汉阳、蕲口各置榷货务。五年，始禁私卖茶，从不应为情理重。太平兴国二年，删定禁法条贯，始立等科罪。淳化二年，令商贾就园户买茶，公于官场贴射，始行贴射法。淳化四年，初行交引，罢贴射法。西北入粟，给交引，自通利军始。是岁，罢诸处榷货务，寻复依旧。至咸平元年，茶利钱以一百三十九万二千一百一十九贯为额。至嘉祐三年，凡六十一年，用此额，官本杂费皆在内，中间时有增亏，岁入不常。咸平五年，三司使王嗣宗始立三分法，以十分茶价，四分给香药，三分犀象，三分茶引。六年，又改支六分香药犀象，四分茶引。景德二年，许人入中钱帛金银，谓之三说。至祥符九年，茶引益轻，用知秦州曹玮议，就永兴、凤翔以官钱收买客引，以救引价，前此累增加饶钱。至天禧二年，镇戎军纳大麦一斗，本价通加饶，共支钱一贯二百五十四。乾兴元年，改三分法，支茶引三分，东南见钱二分半，香药四分半。天圣元年，复行贴射法。行之三年，茶利尽归大商，官场但得黄晚恶茶，乃诏孙奭重议，罢贴射法。明年，推治元议，省吏、计覆官、旬献官，皆决配沙门岛。元详定枢密副使张邓公、参知政事吕许公、鲁肃简各罚俸一月，御史中丞刘筠、入内内侍省副都知周文质、西上阁门使薛昭廓、三部副使，各罚铜二十斤；前三司使李咨落枢密直学士，依旧知洪州。皇祐三年，算茶依旧只用见钱。至祐嘉四年二月五日，降敕罢茶禁。”

洪迈《容斋随笔》：“蜀茶税额总三十万。熙宁七年，遣三司干当公事李杞经画买茶，以蒲宗闵同领其事。创设官场，增为四十万。后李杞以疾去，都官郎中刘佐继之。蜀茶尽榷，民始病矣。知彭州吕陶言：‘天下茶法既通，蜀中独行禁榷。杞、佐、宗闵作为弊法，以困西南生聚。’佐虽罢去，以国子博士李稷代之，陶亦得罪。侍御史周尹复极论榷茶为害，罢为河北提点刑狱。利路漕臣张宗谔、张升卿，复建议废茶场司，依旧通商。皆为稷劾坐贬。茶场司行札子督绵州彰明知县宋大章缴奏，以为非所当用，又为稷诋坐冲替。一岁之间，通课利及息耗至七十六万缗有奇。”

熊蕃《宣和北苑贡茶录》："陆羽《茶经》、裴汶《茶述》皆不第建品。说者但谓二子未尝至闽，而不知物之发也，固自有时。盖昔者，山川尚閟，灵芽未露，至于唐末，然后北苑出，为之最。时伪蜀词臣毛文锡作《茶谱》，亦第言建有紫笋，而蜡面乃产于福。五代之季，建属南唐。岁率诸县民采茶北苑，初造研膏，继造蜡面，既又制其佳者，号曰京铤。本朝开宝末，下南唐，太平兴国二年，特置龙凤模，遣使即北苑造团茶，以别庶饮，龙凤茶盖始于此。又一种茶，丛生石崖，枝叶尤茂，至道初，有诏造之，别号石乳。又一种号的乳，又一种号白乳。此四种出，而蜡面斯下矣。真宗咸平中，丁谓为福建漕，监御茶，进龙凤团，始载之于《茶录》。仁宗庆历中，蔡襄为漕，改创小龙团以进，甚见珍惜，旨令岁贡，而龙凤遂为次矣。神宗元丰间，有旨造密云龙，其品又加于小龙团之上。哲宗绍圣中，又改为瑞云翔龙。至徽宗大观初，亲制《茶论》二十篇，以白茶自为一种，与他茶不同。其条敷阐，其叶莹薄，崖林之间，偶然生出，非人力可致。正焙之有者不过四五家，家不过四五株，所造止于二三铐而已。浅焙亦有之，但品格不及。于是白茶遂为第一。既又制三色细芽，及试新铐、贡新铐。自三色细芽出，而瑞云翔龙又下矣。凡茶芽数品，最上曰小芽，如雀舌、鹰爪，以其劲直纤挺，故号芽茶。次曰拣芽，乃一芽带一叶者，号一枪一旗。次曰中芽，乃一芽带两叶，号一枪两旗。其带三叶、四叶者渐老矣。芽茶早春极少。景德中，建守周绛为《补茶经》，言芽茶只作早茶，驰奉万乘尝之可矣。如一枪一旗，可谓奇茶也。故一枪一旗号拣芽，最为挺特光正。舒王《送人闽中诗》云：‘新茗斋中试一旗’，谓拣芽也。或者谓茶芽未展为枪，已展为旗，指舒王此诗为误，盖不知有所谓拣芽也。夫拣芽犹贵重如此，而况芽茶以供天子之新尝者乎！夫芽茶绝矣。至于水芽，则旷古未之闻也。宣和庚子岁，漕臣郑可简始创为银丝水芽，盖将已拣熟芽再为剔去，只取其心一缕，用珍器贮清泉渍之，光明莹洁，如银丝然。以制方寸新銙，有小龙蜿蜒其上，号龙团胜雪。又废白、的、石乳，鼎造花銙，二十余色。初，贡茶皆入龙脑，至是虑夺真味，始不用焉。盖茶之妙至胜雪极矣，故合为首冠。然犹在白茶之次者，以白茶上之所好也。异时，郡人黄儒撰《品茶要录》，极称当时灵芽之富，谓使陆羽数子见之，必爽然自失。蕃亦谓使黄君而阅今日之品，则前此者未足诧焉。然龙焙初兴，贡数殊少，累增至于元符，以斤计者一万八千，视初已加数倍，而犹未盛。今则为四万七千一百斤有奇矣。［注：此数见范逵所著《龙焙美成茶录》。逵，茶官也。］”“白茶、胜雪以次，厥名实繁，今列于左，使好事者得以观焉：贡新銙。［注：大观二年造。］试新銙。［注：政和二年造。］白茶。［注：宣和二年造。］龙团胜雪。［注：宣和二年。］御苑玉芽。［注：大观二年。］万寿龙芽。［注：大观二年。］上林第一。［注：宣和二年。］乙夜清供。承平雅玩。龙凤英华。玉除清赏。启沃承恩。雪英。云叶。蜀葵。金钱。［注：宣和三年。］玉华。［注：宣和二年。］寸金。［注：宣和三年。］无比寿芽。［注：大观四年。］万春银叶。［注：宣和二年。］宜年宝玉。玉清庆云。无疆寿龙。玉叶长春。［注：宣和四年。］瑞云翔龙。［注：绍圣二年。］长寿玉圭。［注：政和二年。］兴国岩镑。香口焙镑。上品拣芽。［注：绍兴二年。］新收拣芽。太平嘉瑞。［注：政和二年。］龙苑报春。［注：宣和四年。］南山应瑞。兴国岩拣芽。兴国岩小龙。兴国岩小凤。［注：以上号细色。］拣芽。小龙、小凤、大龙、大凤。［注：以上号粗色。］又有琼林毓粹、浴雪呈祥、壑源供秀、重篚推先、价倍南金、旸谷先春、寿岩却胜、延平石乳、清白可鉴、风韵甚高，凡十色，皆宣和二年所制，越五岁省去。右茶岁分十余纲，惟白茶与胜雪，自惊蛰前兴役，浃日乃成，飞骑疾驰，不出仲春，已至京师，号为头纲。玉芽以下，即先后以次发，逮贡足时，夏过半矣。欧阳公诗云：'建安三千五百里，京师三月尝新茶。'盖曩时如此，以今较昔，又为最早。因念草木之微，有瑰奇卓异，亦必逢时而后出，而况为士者哉。昔昌黎感二鸟之蒙采擢，而自悼其不如。今蕃于是茶也，焉敢效昌黎之感，姑务自警而坚其守，以待时而已。""外焙：石门，乳吉，香口。右三焙常后北苑五七日兴工，每日采茶蒸榨，以其黄悉送北苑并造。”“先人作《茶录》，当贡品极胜之时，凡有四十余色。绍兴戊寅岁，克摄事北苑，阅近所贡皆仍旧，其先后之序亦同，惟跻龙团胜雪于白茶之上，及无兴国岩小龙、小凤。盖建炎南渡，有旨罢贡三之一，而省去之也。先人但著其名号，克今更写其形制，庶览之无遗恨焉。先是任子春漕司再摄茶政，越十三载，乃复旧额。且用政和故事，补种茶二万株。［注：政和周漕种三万株。］比年益虔贡职，遂有创增之目，仍改京铤为大龙团，由是大龙多于大凤之数。凡此皆近事，或者犹未之知也。三月初，吉男克北苑寓舍书。”“贡新铸，竹圈银模，方一寸二分。试新铸，同上。龙团胜雪，同上。白茶，银圈银模，径一寸五分。御苑玉芽，银圈银模，径一寸五分。万寿龙芽，同上。上林第一，方一寸二分。乙夜清供，竹圈；承平雅玩；龙凤英华；玉除清赏；启沃承恩：俱同上。雪英，横长一寸五分。云叶，同上。蜀葵，径一寸五分。金钱，银模，同上。玉华，银模，横长一寸五分。寸金，竹圈，方一寸二分。无比寿芽，银模竹圈，同上。万春银叶，银模银圈，两尖径二寸二分。宜年宝玉，银圈银模，直长三寸。玉清庆云，方一寸八分。无疆寿龙，银模竹圈，直长一寸。玉叶长春，竹圈，直长三寸六分。瑞云翔龙，银模银圈，径二寸五分。长寿玉圭，银模，直长三寸。兴国岩铸，竹圈，方一寸二分。香口焙铸，同上。上品拣芽，银模银圈；新收拣芽，银模银圈：俱同上。太平嘉瑞，银圈，径一寸五分。龙苑报春，径一寸七分。南山应瑞，银模银圈，方一寸八分。兴国岩拣芽，银模，径三寸。小龙；小凤；大龙；大凤：俱同上。”“北苑贡茶最盛，然前辈所录，止于庆历以上。自元丰后，瑞龙相继挺出。制精于旧，而未有好事者记焉，但于诗人句中及。大观以来，增创新镑，亦犹用拣芽。盖水芽至宣和始名，顾龙团胜雪与白茶角立，岁元首贡；自御苑玉芽以下，厥名实繁。先子观见时事，悉能记之成编，其有今闽中漕台所刊《茶录》未备，此书庶几补其阙云。淳熙九年冬十二月四日，朝散郎行秘书郎、国史编修官学士院权直熊克谨记。”

《北苑别录》：“北苑贡茶纲次：细色第一纲——龙焙贡新：水芽，十二水、十宿火，正贡三十镑，创添二十镑。”“细色第二纲——龙焙试新：水芽，十二水、十宿火，正贡一百镑，创添五十镑。”“细色第三纲——龙团胜雪：水芽，十六水、十二宿火，正贡三十，续添二十，创添二十。白茶：水芽，十六水、七宿火，正贡三十镑，续添五十镑，创添八十镑。御苑玉芽：小芽，十二水、八宿火，正贡一百斤。万寿龙芽：小芽，十二水、八宿火，正贡一百斤。上林第一：小芽，十二水、十宿火，正贡一百镑。乙夜清供：小芽，十二水、十宿火，正贡一百镑。承平雅玩：小芽，十二水、十宿火，正贡一百镑。龙凤英华：小芽，十二水、十宿火，正贡一百镑。玉除清赏：

小芽，十二水、十宿火，正贡一百銙。启沃承恩：小芽，十二水、十宿火，正贡一百銙。雪英：小芽，十二水、七宿火，正贡一百銙。云叶：小芽，十二水、七宿火，正贡一百片。蜀葵：小芽，十二水、七宿火，正贡一百片。金钱：小芽，十二水、七宿火，正贡一百片。寸金：小芽，十二水、七宿火，正贡一百銙。”“细色第四纲——龙团胜雪：见前，正贡一百五十銙。无比寿芽：小芽，十二水、十五宿火，正贡五十銙，创添五十銙。万寿银叶：小芽，十二水、十宿火，正贡四十片，创添六十片。宜年宝玉：小芽，十二水、十宿火，正贡四十片，创添六十片。玉清庆云：小芽，十二水、十五宿火，正贡四十片，创添六十片。无疆寿龙：小芽，十二水、十五宿火，正贡四十片，创添六十片。玉叶长春：小芽，十二水、七宿火，正贡一百片。瑞云翔龙：小芽，十二水、九宿火，正贡一百片。长寿玉圭：小芽，十二水、九宿火，正贡二百片。兴国岩銙：中芽，十二水、十宿火，正贡一百七十銙。香口焙銙：中芽，十二水、十宿火，正贡五十銙。上品拣芽：小芽，十二水、十宿火，正贡一百片。新收拣芽：中芽，十二水、十宿火，正贡六百片。”“细色第五纲——太平嘉瑞：小芽，十二水、九宿火，正贡三百片。龙苑报春：小芽，十二水、九宿火，正贡六十片，创添六十片。南山应瑞：小芽，十二水、十五宿火，正贡六十銙，创添六十銙。兴国岩拣芽：中芽，十二水、十宿火，正贡五百十片。兴国岩小龙：中芽，十二水、十五宿火，正贡七百五片。兴国岩小凤：中芽，十二水、十五宿火，正贡五十片。先春雨色，太平嘉瑞：同前，正贡二百片。长寿玉圭：同前，正贡一百片。”“续入额四色——御苑玉芽：同前，正贡一百片。万寿龙芽：同前，正贡一百片。无比寿芽：同前，正贡一百片。瑞云翔龙：同前，正贡一百片。”“粗色第一纲——正贡：不入脑子上品拣芽小龙，一千二百片，六水、十宿火。入脑子小龙，七百片，四水、十五宿火。增添：不入脑子上品拣芽小龙，一千二百片。入脑子小龙，七百片。建宁府附发：小龙茶，八百四十片。”“粗色第二纲——正贡：不入脑子上品拣芽小龙，六百四十片。入脑子小龙，六百七十二片。入脑子小凤，一千三百四十片，四水、十五宿火。入脑子大龙，七百二十片，二水、十五宿火。入脑子大凤，七百二十片，二水、十五宿火。增添：不入脑子上品拣芽小龙，一千二百片。入脑子小龙，七百片。建宁府附发：小凤茶，一千三百片。”“粗色第三纲——正贡：不入脑子上品拣芽小龙，六百四十片。入脑子小龙，六百四十片。入脑子小凤，六百七十二片。入脑子大龙，一千八百片。入脑子大凤，一千八百片。增添：不入脑子上品拣芽小龙，一千二百片。入脑子小龙，七百片。建宁府附发：大龙茶，四百片，大凤茶，四百片。”“粗色第四纲——正贡：不入脑子上品拣芽小龙，六百片。入脑子小龙，三百三十六片。入脑子小凤，三百三十六片。入脑子大龙一千二百四十片。入脑子大凤，一千二百四十片。建宁府附发：大龙茶，四百片，大凤茶，四百片。”“粗色第五纲——正贡：入脑子大龙，一千三百六十八片。入脑子大凤，一千三百六十八片。京铤改造大龙，一千六百片。建宁府附发：大龙茶，八百片，大凤茶，八百片。”“粗色第六纲——正贡：入脑子大龙，一千三百六十片。入脑子大凤一千三百六十片。京铤改造大龙一千六百片。建宁府附发：大龙茶，八百片，大凤茶八百片。又京铤改造大龙，一千二百片。”“粗色第七纲——正贡：入脑子大龙，一千二百四十片。入脑子大凤，一千二百四十片。京铤改造大龙，二千三百二十片。建宁府附发：大龙茶，二百四十片，大凤茶，二百四十片。又京铤改造大龙，四百八十片。”“细色五纲，贡新为最上，后开焙十日入贡。龙团为最精，而建人有直四万钱之语。夫茶之入贡，圈以箬叶，内以黄斗，盛以花箱，护以重篚。花箱内外又有黄罗幂之，可谓什袭之珍矣。粗色七纲，拣芽以四十饼为角，小龙凤以二十饼为角，大龙凤以八饼为角。圈以箬叶，束以红缕，包以红纸，缄以绫蒨，惟拣芽俱以黄焉。”

《金史》：“茶自宋人岁供之外，皆贸易于宋界之榷场。世宗大定十六年，以多私贩，乃定香茶罪赏格。章宗承安三年，命设官制之。以尚书省令史往河南，视官造者，不尝其味，但采民言，谓为温桑，实非茶也，还即白上。以为不干，杖七十，罢之。四年三月，于淄、密、宁、海、蔡州各置一坊，造茶。照南方例，每斤为袋，直六百文。后令每袋减三百文。五年春，罢造茶之坊。六年，河南茶树槁者，命补植之。十一月，尚书省奏禁茶。遂命七品以上官，其家方许食茶，仍不得卖及馈献。七年，更定食茶制。八年，言事者以止可以盐易茶，省臣以为所易不广，兼以杂物博易。宣宗元光二年，省臣以茶非饮食之急，今河南、陕西凡五十余都郡，日食茶率二十袋，直银二两，是一岁之中妄费民间三十余万也。奈何以吾有用之货而资敌乎。乃制亲王、公主及现任五品以上官素蓄存者存之，禁不得买、馈，余人并禁之。犯者徒五年，告者赏宝泉一万贯。”

《元史》：“本朝茶课，由约而博，大率因宋之旧而为之制焉。至元六年，始以兴元交钞同知运使白赓言，初榷成都茶课。十三年，江南平，左丞吕文焕首以主茶税为言，以宋会五十贯准中统钞一贯。次年，定长引短引，是岁征一千二百余锭。泰定十七年，置榷茶都转运使司于江州路，总江淮、荆湖、福广之税，而遂除长引，专用短引。二十一年，免食茶税以益正税。二十三年，以李起南言，增引税为五贯。二十六年，丞相桑哥增为一十贯。延祐五年，用江西茶运副法忽鲁丁言，减引添钱，每引再增为一十二两五钱。次年，课额遂增为二十八万九千二百一十一锭矣。天历己巳罢榷司而归诸州县，其岁征之数，盖与延祐同。至顺之后，无籍可考。他如范殿帅茶、西番大叶茶、建宁铐茶，亦无从知其始末，故皆不著。”

《明会典》："陕西置茶马司四：河州、洮州、西宁、甘州，各司并赴徽州茶引所批验，每岁差御史一员巡茶马。”“明洪武间，差行人一员，赍榜文于行茶所在，悬示以肃禁。永乐十三年，差御史三员，巡督茶马。正统十四年，停止茶马金牌，遣行人四员巡察。景泰二年，令川、陕布政司，各委官巡视，罢差行人。四年，复差行人。成化三年，奏准每年定差御史一员，陕西巡茶。十一年，令取回御史，仍差行人。十四年，奏准定差御史一员，专理茶马，每岁一代，遂为定例。弘治十六年，取回御史，凡一应茶法，悉听督理马政都御史兼理。十七年，令陕西每年于按察司拣宪臣一员驻洮，巡禁私茶，一年满日，择一员交代。正德二年，仍差巡茶御史一员兼理马政。”“光禄寺衙门，每岁福建等处解纳茶叶一万五千斤，先春等茶芽三千八百七十八斤，收充茶饭等用。”

《博物典汇》云："本朝捐茶，利予民而不利其入。凡前代所设榷务、贴射、交引、茶由诸种名色，今皆无之，惟于四川置茶马司四所，于关津要害置数批验茶引所而已。及每年遣行人于行茶地方，张挂榜文，俾民知禁。又于西番入贡为之禁，限每人许其顺带有定数。所以然者，非为私奉，盖欲资外国之马以为边境之备焉耳。”“洪武五年，户部言四川产巴茶凡四百四十七处，茶户三百一十五。宜依定制，每茶十株，官取其一，岁计得茶一万九千二百八十斤，令有司贮候西番易马。从之。至三十一年，置成都、重庆、保宁三府及播州宣慰司茶仓四所，命四川布政司移文天全六番招讨司，将岁收茶课，仍收碉门茶课司，余地方就送新仓收贮，听商人交易，及与西番易马。茶课岁额五万余斤，每百加耗六斤，商茶岁中率八十斤，令商运卖，官取其半易马。纳马番族洮州三十，河州四十三，又新附归德所生番十一，西宁十三。茶马司收贮，官立金牌信符为验。洪武二十八年，驸马欧阳伦以私贩茶扑杀。明初茶禁之严如此。”

《武夷山志》：茶起自元初至元十六年，浙江行省平章高兴过武夷，制石乳数斤入献。十九年，乃令县官莅之，岁贡茶二十斤，采摘户凡八十。大德五年，兴之子久住为邵武路总管，就近至武夷督造贡茶。明年，创焙局，称为御茶园，有仁风门、第一春殿、清神堂诸景，又有通仙井，覆以龙亭，皆极丹雘之盛。设场官二员领其事。后岁额浸广，增户至二百五十，茶三百六十斤，制龙团五千饼。泰定五年，崇安令张端本重加修葺，于园之左右各建一坊，扁曰茶场。至顺三年，建宁总管暗都剌于通仙井畔筑台，高五尺，方一丈六尺，名曰喊山台，其上为喊泉亭，因称井为呼来泉。《旧志》云："祭后群喊而水渐盈，造茶毕而遂涸，故名。"迨至正末，额凡九百九十斤，明初仍之，著为令。每岁惊蛰日，崇安令具牲醴，诣茶场致祭，造茶入贡。洪武二十四年，诏天下产茶之地，岁有定额，以建宁为上，听茶户采进，勿预有司。茶名有四：探春、先春、次春、紫笋，不得碾揉为大小龙团，然而祀典贡额犹如故也。嘉靖三十六年，建宁太守钱並，因本山茶枯，令以岁编茶夫银二百两，及水脚银二十两，赍府造办，自此遂罢茶场，而崇民得以休息。御园寻废，惟井尚存，井水清甘，较他泉迥异。仙人张邋遢过此饮之，曰："不徒茶美，亦此水之力也。"

我朝茶法：陕西给番易马，旧设茶马御史，后归巡抚，兼理各省发引通商，止于陕境交界处盘查。凡产茶地方，止有茶利而无茶累，深山穷谷之民，无不沾濡雨露，耕田凿井，共乐升平，此又有茶以来希遇之盛也。雍正十二年七月既望，陆廷灿识。

图书在版编目（CIP）数据

茶经译注 / 文轩译注 .— 上海 : 上海三联书店，2014.1
ISBN 978-7-5426-4478-7
Ⅰ．①茶… Ⅱ．①文… Ⅲ．①茶叶－文化－中国－古代 ②《茶经》－译文③《茶经》－注释 Ⅳ．① TS971

中国版本图书馆 CIP 数据核字（2013）第 299438 号

茶经译注

译　　注 / 文　轩
责任编辑 / 陈启甸　王倩怡
特约编辑 / 段颖龙
装帧设计 / Metis 灵动视线 TEL:010-85983452
监　　制 / 吴　昊
出版发行 / 上海三联书店
（201199）中国上海市都市路 4855 号 2 座 10 楼
http://www.sjpc1932.com
印　　刷 / 北京凯达印务有限公司
版　　次 / 2014 年 1 月第 1 版
印　　次 / 2015 年 7 月第 2 次印刷
开　　本 / 960×640　1/16
字　　数 / 57 千字
印　　张 / 10

ISBN 978-7-5426-4478-7/G・1303
定价：20.00元